「轉大人」一定要知道的性知識：

生理和情感熱門話題大公開

CHOICE 自分で選びとるための「性」の知識

大貫詩織（シオリーヌ, SHIORINU）著
劉又菘 譯
諶淑婷老師 審訂

晨星出版

前言

大家好！我是助產師大貫詩織。非常感謝您拿起我的第一本書《「轉大人」一定要知道的性知識》。

目前我以「助產師」的名義，致力於分享與傳授有關性和生孕的知識。

我也藉由YouTube的影片拍攝來傳播性相關的知識，還應邀在學校和社區活動中舉辦講座。期許透過這樣的方式讓更多的人能夠更接受性教育，並保護自己和他人。

Movie

【性教育YouTuber】SHIORINE

不知道各位對於性話題的印象爲何呢？

總覺得有些不好意思，不太會在眾人面前提這些事情；時常用黃色笑話的方式來帶過……

大概有許多人會有上述這樣的想法吧。

「性話題是一件難以啟口的事情」

我們是從什麼時候開始有這樣的想法的？

各位是否曾有類似的過往經驗——當你問媽媽「小寶寶是怎麼來到這世上的？」她卻生氣地回答：「不要問這種問題」。

當你在教室的角落聽到朋友們悄悄談論色色的話題。

我們透過上述的生活經歷中，搞懂了一件事：性話題是一個禁忌，

大貫詩織（シオリーヌ・SHIORINE）

助產師／性教育YouTuber。畢業後，作為助產師在綜合醫院的產科病房工作，之後在精神科兒童青少年病房學習青少年的心理照護。自二〇一七年開始從事性教育相關的傳播活動，並於二〇一九年二月開始在YouTube頻道上發布影片。

是一個必須被隱藏的話題。

然而，性話題真是如此難以啟口的事情嗎？

我們的生命是透過生殖這一連串活動所延續下去的。隨著自己的身體成長到具備生殖能力時，不僅會帶來身體上的變化，也會對人際關係產生了各種影響。

儘管如此，在將性話題視為「禁忌話題」的社會中，卻也因而引發各種不同的問題。

Point

- 不了解自己身體出現生理或射精等現象的機制
- 不了解懷孕的過程
- 因為不了解懷孕的過程，所以不知道避孕的方法
- 不了解性傳染病的致病機制和預防方法
- 不知道如何與伴侶建立安全的關係

在這樣一個充滿未知的世界裡，許多人都是在摸索中進行「與性相關的交流」。

讓我們先聊點別的，我的母親其實是一位對性話題非常願意侃侃而談的人。大概在我小學四年級時，某天假日中午我突然被母親叫到客廳，她很直白地表明：「今天我們來聊聊關於月經的事情」。

生理期間會發生哪些變化，
以及應該如何做好準備和應對。

在她認真的向我說明清楚之後，母親便幫我購買了一些生理期用內褲，還為我準備了一個可愛的小袋子，可以方便攜帶內褲和衛生棉。

也許是因為媽媽的教育，使我對生理期的到來期待得不得了。

「我又離長大成人更靠近一步了。」

「可愛的內褲和小袋子讓我可以自理生理期。」

我迎接第一次月經時充滿了喜悅和安心感。這也成為了一段非常正向的回憶。

性話題在社會中常被視為禁忌，並且往往缺乏足夠多的正確資訊。然而，如果在沒有正確知識的情況下行動，可能會導致生活產生重大的變數。

另一方面，當我們獲得適切的知識並做好充分準備時，這將給予我們極大的安心感。

孩子是我們未來的希望。

我希望每一個嬰兒的親人都是真心期盼他們來到這個世界上。

我也希望每個孩子都能在不用經歷不必要的痛苦或悲傷的情況下，健康快樂地成長為幸福的大人。

性教育是健康成長中非學不可的知識。

這本書針對年輕一代以及與兒童相處的成人，提供了關於性的基礎知識，這些知識都是真心希望大家要好好學習的內容！希望這些知識能夠被傳播到更多人耳裡，為更多人帶來更加安心的生活。

「性話題要更輕鬆、開放地被談論」

帶著這句座右銘，讓我們開始聊聊吧。

目錄
Contents

前言 2

第1章 性啟蒙1
我們的身體到底是怎麼回事？

01 青春期來了~~!! 12
02 不只是流血而已！徹底解說生理期的機制 15
03 每個月使用的生理用品真的有好好挑選嗎？ 18
04 「生理期是每個人都會感到痛苦之事」不要忍耐！ 25
05 「低劑量避孕藥」是解救痛苦生理期的救世主!? 28
06 射精其實是非常複雜的 36
07 「大一點比較受歡迎」只是都市傳說 39
08 包莖是什麼？ 42
09 你的身體，只屬於你自己 47
10 「自慰」、「手淫」、「自我愉悅」你都怎麼稱呼？ 51
11 正面對決！這就是懷孕的過程 54
12 生孩子是什麼感覺…… 57
13 徹底解說婦科是做什麼的？會被問到什麼？ 65
14 一起了解泌尿科吧！ 69

第2章

性啟蒙2

如何與伴侶建立安心的關係？

15 做愛是為了什麼？ 74
16 到底幾歲可以有性行為？ 77
17 你會怎麼邀請對方？關於性合意的討論 82
18 那真的能避孕嗎？避孕方法的真相 88
19 必須練習！保險套的正確使用方法 92
20 「避孕失敗了！」時的緊急避孕藥 94
21 人工流產的選擇 97
22 性傳染病不只是性開放的人才會有的問題 100
23 你知道每年有三千人死於「子宮頸癌」嗎？ 106
24 那真的是愛嗎？約會暴力與伴侶關係 110

第3章

性啟蒙3

「活出自我」是什麼意思？

25 「做自己」到底是什麼意思？ 18
26 珍惜你覺得「大人真討厭!!」的感受 121

27 什麼是「獨立自主」？ 126
28 自我性表達＝性別特質 129
29 「談過戀愛才能算長大」這種話別當真 134
30 想做色色的事了！有這種感覺時該怎麼辦？ 137
31 不再介意「男子氣概」或「女性氣質」 140
32 不要再為了「因為是女性」或「因為是男性」而互相傷害 144
33 為什麼會覺得「討厭自己的身體」？ 149
34 外表決定人生，關於外貌至上主義 153
35 安全使用社群媒體！網路時代的生存技巧 160
36 把A片當作教材是不行的！ 167
37 社會是由大家的聲音所構成的 170
38 用自己的意志選擇人生 175

結語 179
參考資料 184
諮詢窗口列表 186
補充—台灣「性」資源諮詢列表 189

性啟蒙1

1 我們的身體到底是怎麼回事？

與性相關的身體機制

學習那些關於性的冷知識吧

01

青春期來了～～!!

無論是生理期、初精還是叛逆期，這些都是你寶貴的成長過程

從大約八至九歲到十七至十八歲的這段時期稱為青春期。

在青春期，由於男性激素和女性激素（稱為性激素）的作用，與生殖（生育子女）相關的功能會逐漸發展。

因此所出現的身體變化被稱為第二性徵。

第二性徵出現的時間或順序會因人而異。男女基本上會出現以下身體變化：

Point

女性

- 乳房變得豐滿
- 身體變得圓潤
- 體毛生長，生殖器發育
- 出現第一次月經（初經）

Point

男性

- 身體變得結實
- 變聲
- 體毛生長，生殖器發育
- 出現第一次射精（初精）

通常會有這些變化。

「成長」不是「性徵」嗎？

以「性徵」稱之而非「成長」的原因在於「性徵」指的是男性和女性因性別差異所出現的特徵。

無論你是否期望這些身體變化，都必定會發生，所以當你實際經歷時，也許會感到困惑或不安，但如果能夠事先了解怎麼面對這些變化，便能安心地面對。

此外，青春期不全然只有身體上的變化。

從依賴大人的自己逐漸變成獨立自主的自己，心裡也會出現各種變化。例如，你可能會「不想聽大人的話」、「無緣無故地感到煩躁或悲傷」，或者「在意周圍人的看法」等，這些是你以前不曾感受到的情緒，可能會讓你感到驚訝。但這些情緒反應其實是「想要自己做決定」、「希望在家人以外的群體中建立良好關係」等想要**獨立自主**的表現。

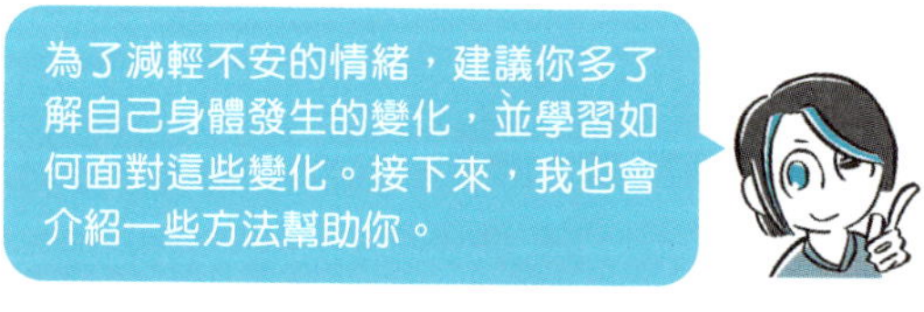
為了減輕不安的情緒，建議你多了解自己身體發生的變化，並學習如何面對這些變化。接下來，我也會介紹一些方法幫助你。

02

不只是流血而已！徹底解說生理期的機制

生理期的發生表示你「沒有懷孕」

許多人可能只知道第二性徵之一的「生理期」大概就是在說「下體流血」的狀況，但現在讓我們稍微深入了解其中到底發生什麼事。

Movie

【解說】讓我們深入了解生理期的機制吧！

生理期通常**每個月會發生一次**，整個期間會持續**約三～七天**。生理期結束後，卵巢開始培育下一次**排卵**所需的卵子。上一次生理期的第一天起約兩週後，其中一顆特別成熟的卵子就會進行排卵。同時，子宮內會增生形成含有豐富血液的膜層（**子宮內膜**）。這層組織的形成是為了在卵子與精子受精後，讓受精卵易於**著床**。

卵子具有受精能力的時間是**從排卵後的二十四小時左右**（而精子可存活約三～五日）。若在此期間內未與精子受精，事先準備的子宮內膜將脫落並經由陰道排出體外。這就是**生理期現象**（**月經**）。

換句話說，生理期是**「因未懷孕而出現的結果」**。

為了不讓生理期時排出體外的血液（**經血**）沾汙了內褲，一般會使用衛生棉或月亮杯等生理用品。

CHECK

▶ 排卵

發育成熟的卵子會破壞卵巢壁，飛到腹腔內。

CHECK

▶ 著床

卵子在卵管受精後，會潛入子宮內膜，開始發育，以成功受孕。

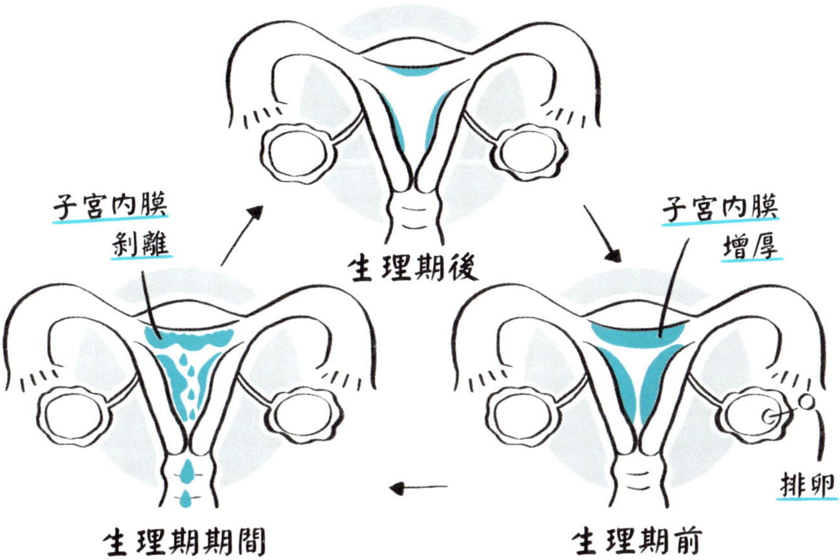

有些人可能認為談論生理期是一件令人尷尬或禁忌的事情。但是，生理期是所有擁有子宮和卵巢的人都會經歷的一種非常日常的生理現象。**（正如其名）**

這是一個會跟著我們一起走過大部分人生的過程，而且對身體的發育非常重要。因此，我們應該**學習正確的知識，並妥善應對**。

沒有經歷過生理期的人也不應該用生理期來取笑或戲弄他人，反而應該理解並尊重這是身體運作的重要機能。

初經一般發生在十～十五歲之間。如果在十歲之前出現，便稱為「早發性月經」；十五歲之後才出現，稱為「遲發性月經」。此外，若到十八歲仍未出現初經，則稱為「原發性無月經」。若十五歲時仍未出現初經，建議前往婦科諮詢。

03

每個月使用的生理用品真的有好好挑選嗎？

CHECK

▶在藥妝店或超商就能買得到生理用品，建議可以多嘗試幾種不同的產品，以找到適合自己的生理用品。

讓我告訴你如何正確挑選生理用品

當生理期來時，為了避免經血弄髒內褲，需要使用**生理用品**來應對。

生理用品的種類五花八門，從貼在內褲上的產品到置入陰道內使用的都有。了解它們的特點並選擇適合自己的生理用品是很重要的。

Movie

適合你自己的生理用品是什麼？各種生理用品優缺點一次整理！

衛生棉

生理用品中最常使用的就是衛生棉。它們需要被貼在內褲上使用。衛生棉有各種尺寸，可根據經血量選擇合適的大小。

哪裡買得到？

- 藥妝店
- 超商
- 網路商店

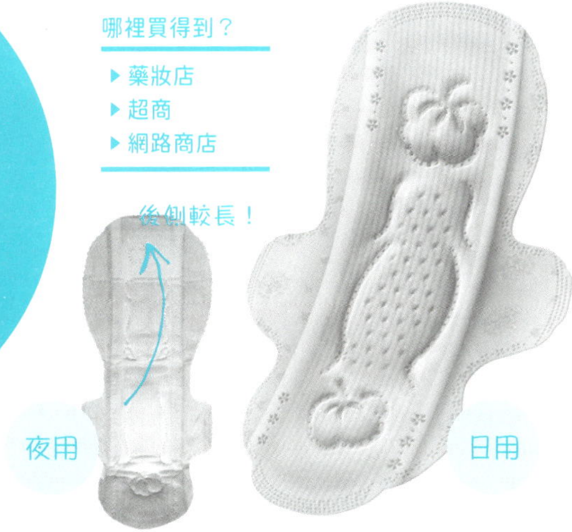

後側較長！
夜用
日用

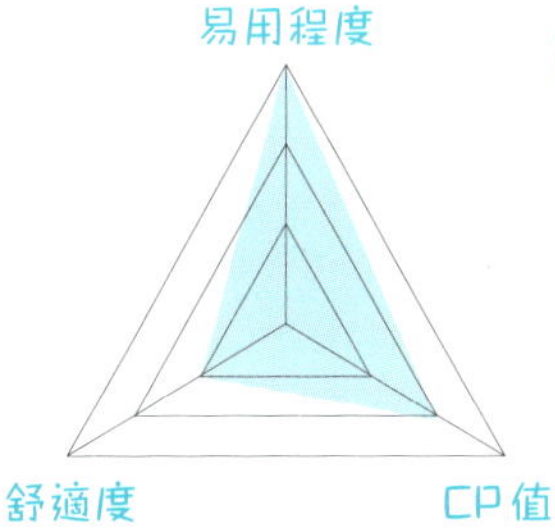

易用程度
舒適度
CP值

優點 Good!!!

- 很容易買得到，急用時便能方便取得
- 使用方式簡易
- 種類多樣，容易找到適合自己的款式

缺點 Bad!!!

- 相較於其他生理用品，容易滑動，經血可能會側漏
- 因悶熱可能會產生異味或皮膚問題
- 會有經血大量流出的感覺

使用方式

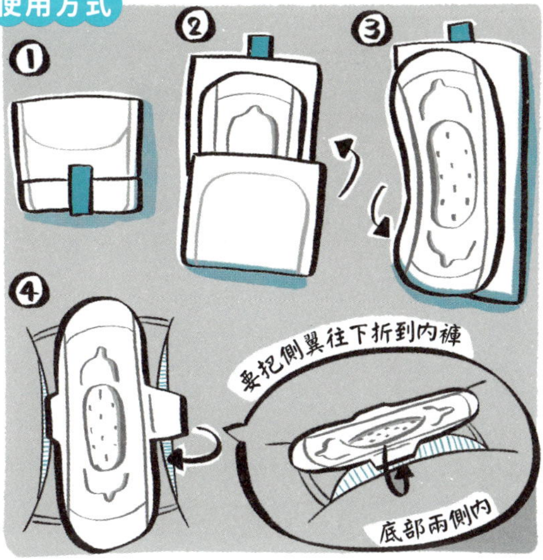

①
②
③
④
要把側翼往下折到內褲
底部兩側內

衛生棉的種類

大多為日用型

超熟睡
400

有機棉製品

はだおもい
ORGANIC
100%

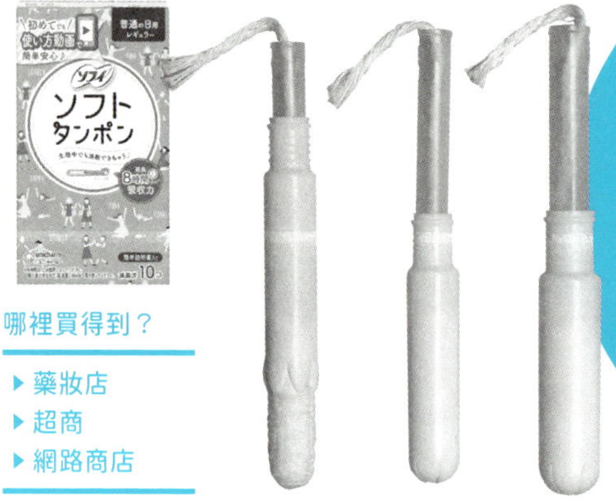
ソフィ
ソフト
タンポン

衛生棉條

陰道置入式的生理用品之一。每個衛生棉條最多可使用八小時，因此在長時間無法上廁所的情況下，衛生棉條就能派上用場。

哪裡買得到？

- 藥妝店
- 超商
- 網路商店

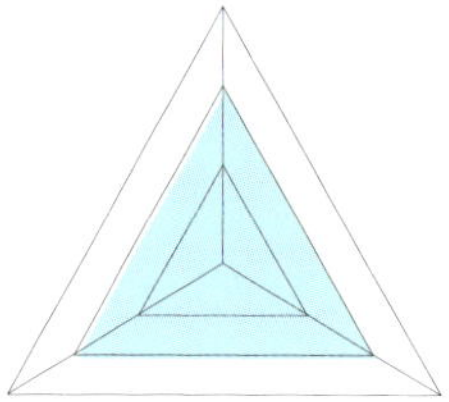
易用程度
舒適度
CP值

優點 *Good!!!*

- 即使在生理期間也可以洗澡或游泳
- 可以長時間使用，因此更換的次數較少
- 沒有經血大量流出的感覺

缺點 *Bad!!!*

- 需要多用幾次來習慣使用棉條的感覺
- 長時間使用容易潮濕
- 不當使用可能會導致中毒性休克症候群（TSS）

使用方式

置入時

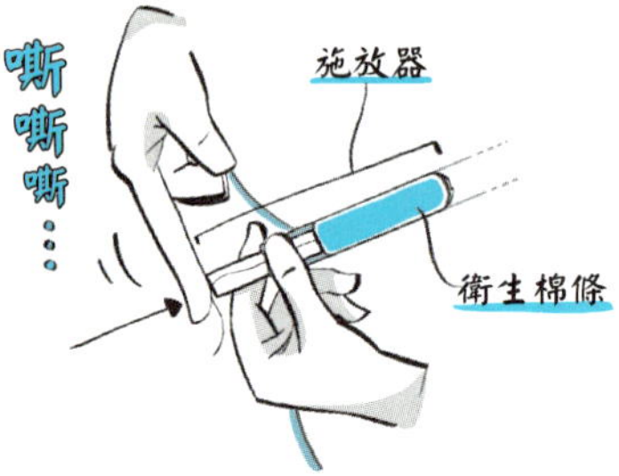
嘶嘶嘶…
施放器
衛生棉條

取出時

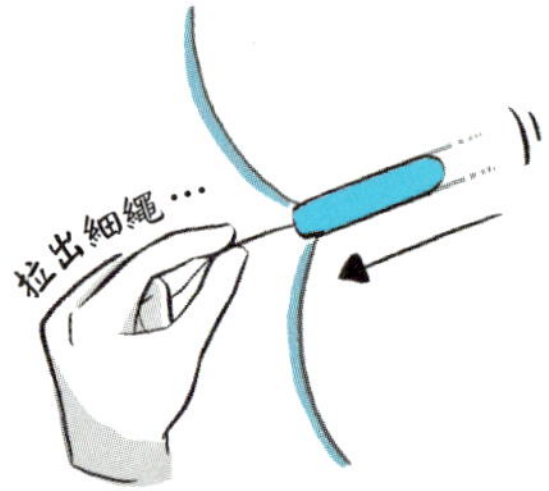
拉出細繩…

導管式衛生棉條需將塑膠製的導管置入陰道內，以便將導管內吸收經血的棉條放置在陰道內。之後需透過露出在陰道之外的細繩將吸滿經血的棉條拉出以替換。

※什麼是TSS（中毒性休克綜合症）？

由一種叫金黃葡萄球菌的細菌製造出來的毒素所引起的急性嚴重疾病。初期症狀為突如其來的發燒、皮膚發疹、發紅、倦怠感、嘔吐、腹瀉、黏膜充血等症狀。

→避免超過產品標示的使用時間、避免連續使用，可以交替使用衛生棉等措施來預防。

月亮杯

將醫療用矽膠等材質製作的杯體置入陰道內使用，是可以重複使用的生理用品。由於能長時間使用，推薦可用於無法時常上廁所更換生理用品時。

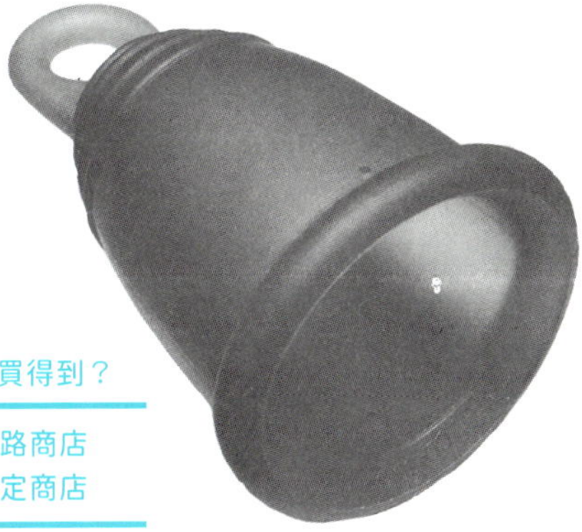

哪裡買得到？

- 網路商店
- 特定商店

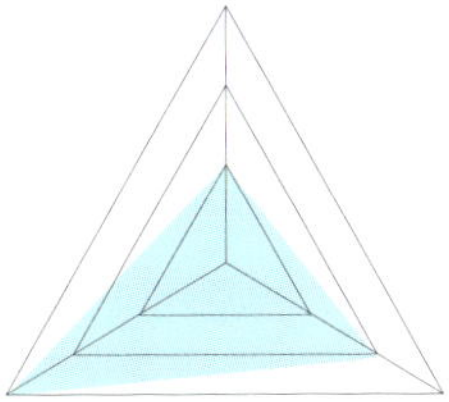

優點 Good!!!

- 沒有經血大量流出的感覺
- 可長時間使用
- 不容易潮濕
- 可減少外出時攜帶的生理用品

缺點 Bad!!!

- 需要多用幾次來習慣使用月亮杯的感覺
- 由於可重複使用，所以要確實高溫消毒，比較麻煩
- 難以在藥妝店或超商購買得到（*編審註：台灣藥妝店是很好購買到的）

使用方式

置入方式

①按壓陰唇以撐開陰道口

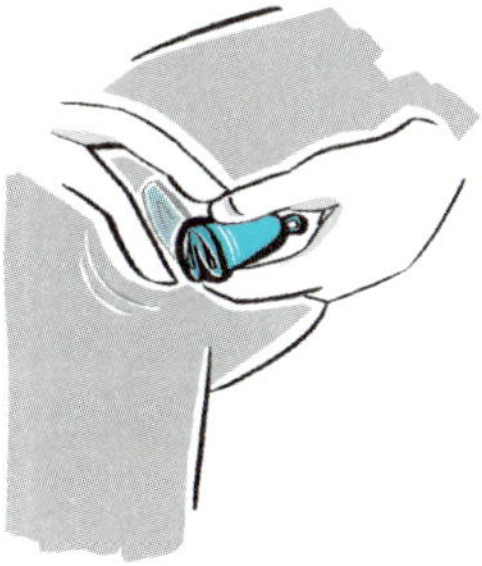

②放入杯體

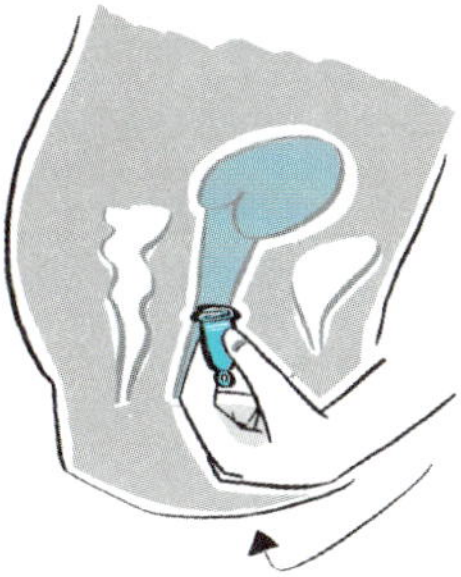

③鬆開杯體並確認是否置入成功

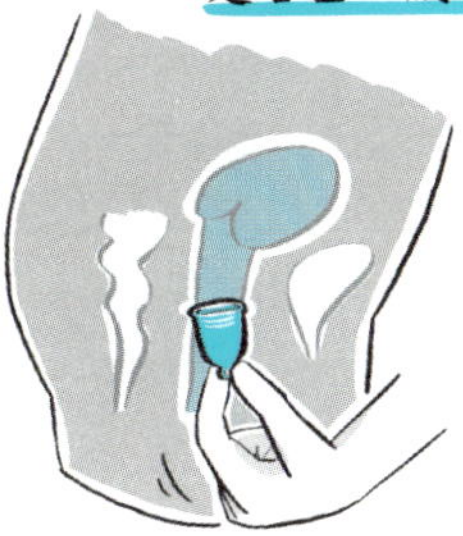

取出方式

邊旋轉杯體
邊緩慢取出

清潔方式

在生理期間的開始和結束時，需煮沸殺菌或使用專用消毒劑進行消毒。生理期間中使用肥皂清洗。（詳細請參考各廠商的使用說明書）

可沖式護墊（Piece）

這種生理用品與衛生棉、衛生棉條和月亮杯不同，是「夾在外陰部使用」的生理用品。

哪裡買得到？

- 藥妝店
- 網路商店

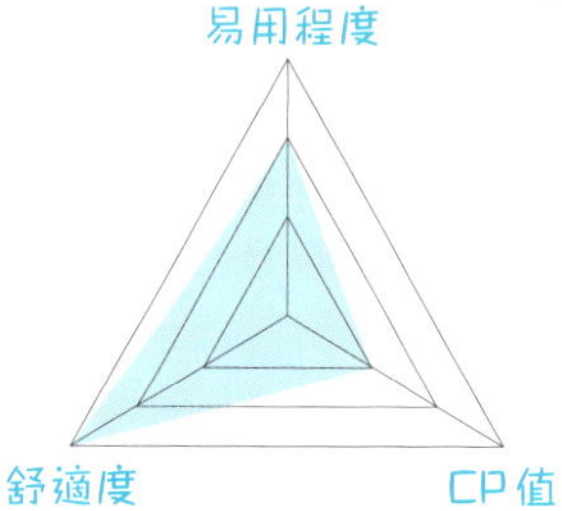

優點 Good!!!

- 無需置入陰道內
- 可搭配衛生棉使用，以避免外漏
- 可直接沖入馬桶很方便

缺點 Bad!!!

- 難以在超商等店鋪購買
- 可能會導致異味或潮濕
- 一次需要用上好幾張

使用方式

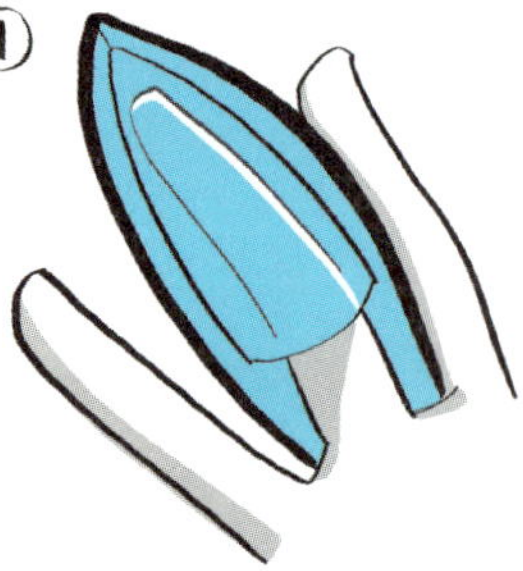

① 手指插入月經紙巾

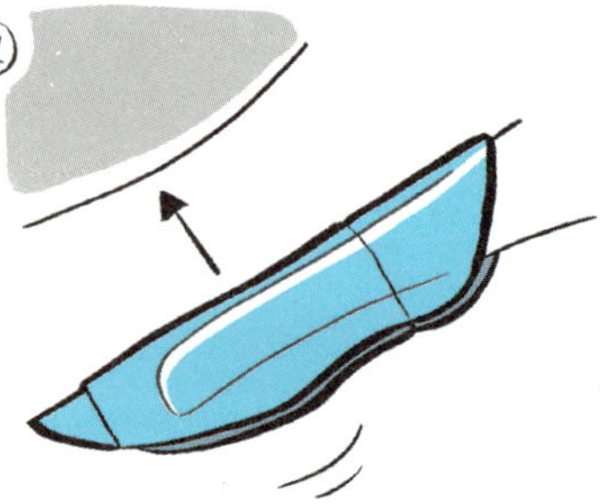

② 貼合陰道口以固定住

與衛生棉一起使用時，可以提高兩小時的吸收力。可以直接沖入馬桶。蘇菲的「可沖式護墊（シンクロフィット）」即是此類產品。

布衛生棉

由棉或絲綢等材料製成的布質衛生棉，可固定在內褲上使用。這種產品通常是推薦給皮膚敏感的人使用。

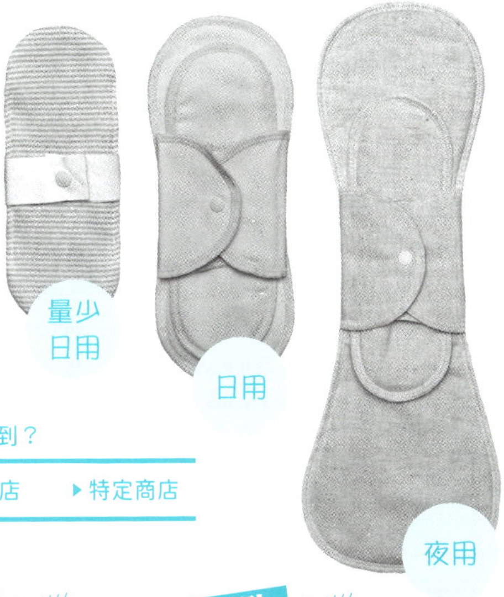
量少日用
日用
夜用

哪裡買得到？

▶ 網路商店　▶ 特定商店

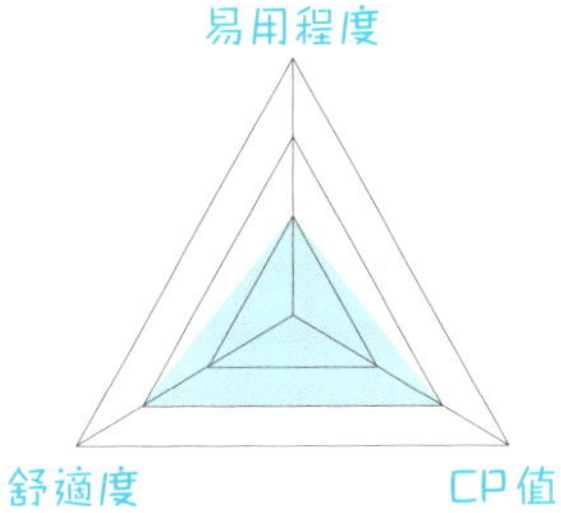
易用程度
舒適度
CP值

優點 *Good!!!*

- 肌膚觸感好，不容易引起皮膚問題。
- 可挑選喜歡的圖案和材質。

缺點 *Bad!!!*

- 每次使用後需清洗乾淨，很費時
- 需要將使用過的布衛生棉帶回家處理

使用方式

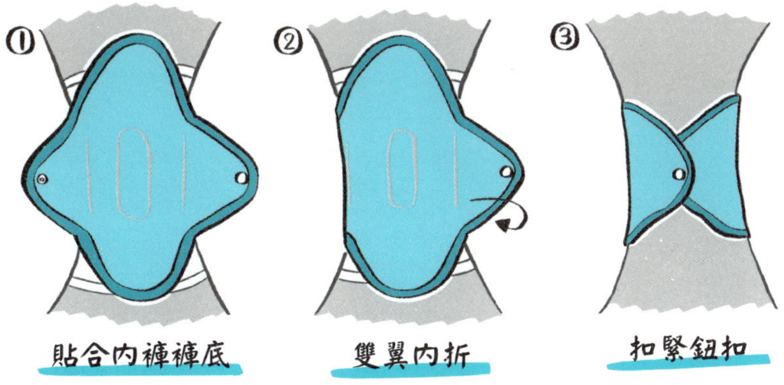
①
貼合內褲褲底
②
雙翼內折
③
扣緊鈕扣

清洗方式 使用後，先用水簡單沖洗，再浸泡在加入洗衣粉的水中，最後放入洗衣機清洗，可以重複使用。

哪裡買得到？

▸ 網路商店　▸ 特定商店

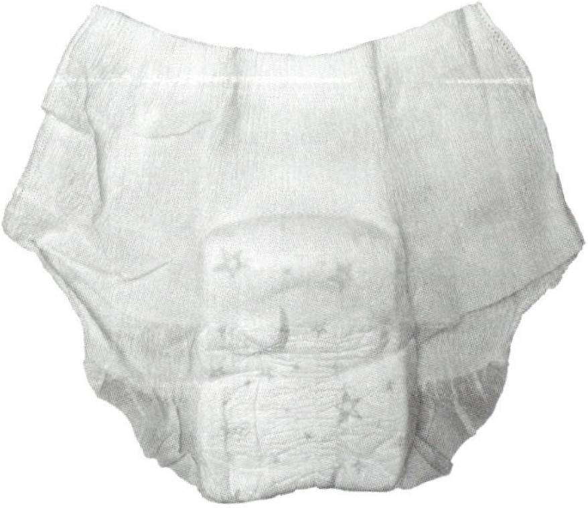

衛生棉褲

是可直接作為內褲穿戴的生理用品。有可作為衛生棉使用的內褲款式，也有內裡部分內置吸水墊的款式。

＊編審註：在台灣衛生棉褲型是晚上使用的衛生棉和月經內褲並不相同。

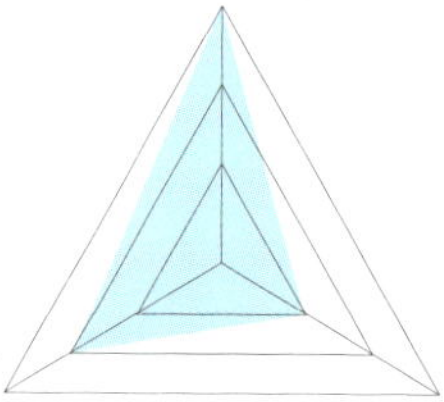

優點 Good!!!

- 不用擔心移位
- 即使在經血量多的日子也不容易外漏
- 只需穿上即可使用，非常簡便

缺點 Bad!!!

- 可重複使用的款式需要洗淨後再使用
- 需要更換新的衛生棉褲
- 在經血被完全吸收之前會有潮濕感

拋棄式款

外包裝樣式

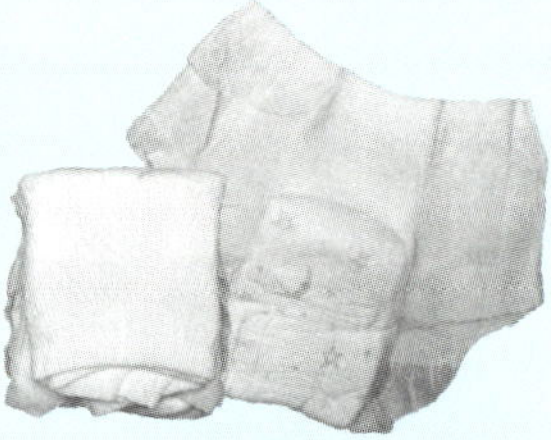

重複使用款

外包裝樣式

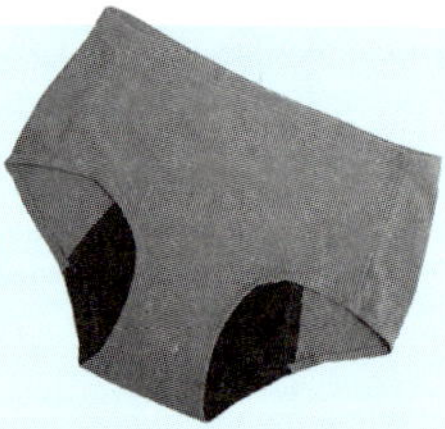

04

「生理期是每個人都會感到痛苦之事」不要忍耐！

生理期間可能遇到的一些小問題該怎麼處理？

生理期前或生理期間，由於荷爾蒙平衡的變化，可能會出現各種不舒服的症狀（小問題）。

有些人在生理期前會出現嚴重的憂鬱、焦慮和情緒不穩定，這種重症的經前症候群（PMS）也被稱為月經前不悅症候群（PMDD）。

Movie

【經痛真的太痛了？】關於子宮內膜異位症的大小事

Point

【生理期約一週前開始出現的不適】……經前症候群（PMS）

◆ 身體症狀：腹痛、腰痛、頭痛、胸部脹痛、嘔吐、強烈的嗜睡、倦怠感、便祕、浮腫等。

◆ 心理症狀：易怒、情緒低落等。

【生理期間的不適】……月經困難症

◆ 身體症狀：腹痛、腰痛、頭痛、噁心、強烈的嗜睡、倦怠感、腹瀉等。

◆ 心理症狀：易怒、憂鬱感、情緒不穩定等。

當有經前症候群或月經困難症狀時，建議可透過以下方法來應對：避免勉強自己、休息放鬆、吃或喝一些溫暖的食物或飲料、進行輕鬆的運動，如伸展，這些方法都是有效的。

生理期前和期間的症狀會因為每個人的狀況而有所差異！

有時候如果真的太痛了，服用市售的止痛藥也是沒問題的。

太痛的時候就別忍了。

如果症狀已經嚴重影響日常生活，也許可以考慮使用低劑量避孕藥或中藥調理來治療。

「生理期間時常痛不欲生」就是前往婦科就診的好理由。

如果經痛過於嚴重，可能背後隱藏著相關婦女疾病的可能性，因此，如果症狀嚴重，建議不要過度勉強自己，考慮前往婦科就診。

生理期前或生理期間出現的症狀因人而異，其程度也各有不同。

如果你想要幫助身邊重要的伴侶或家人，建議積極溝通，了解他們所面臨的困擾，以及需要哪些支持和幫助。

Movie

【PMS】你有聽過經前症候群嗎？完整解說其症狀與治療！

05

「低劑量避孕藥」是解救痛苦生理期的救世主!?

兼具避孕與調節經期的功效！女性安心的選擇方案

低劑量避孕藥是一種含有女性荷爾蒙的藥物，每天固定時間服用一片，持續服用可以帶來多種效果。

Point

低劑量避孕藥的效果：

- **避孕**…避孕效果超過百分之九十九，是女性可以自行控制的避孕方法。
- **減少經血量**…經血量減少，生理期持續的天數也會縮短，並且可能改善貧血。
- **緩解經痛**…經血減少，疼痛也會減輕。
- **穩定生理週期**…按照避孕藥的服用時間，生理週期會變得規律。
- **掌握生理期來的時間**…可以掌握生理的時間，因此能更好地安排計畫，例如旅行或考試時，可以調整生理日期。
- **減輕生理期前的不適**…荷爾蒙平衡穩定，有助於改善生理前的煩躁、頭痛等PMS症狀。

如果因為生理期嚴重不適而不得不臥床休息，甚至無法上學，建議不要再繼續忍著不管，最好去婦科診所就診！

此外，低劑量避孕藥還有許多其他優點，包括預防和改善子宮內膜異位症，以及有報告指出它可以預防子宮內膜癌、卵巢癌和大腸癌。

Point

低劑量避孕藥的副作用：

◆ 剛開始服用時，可能會出現噁心、頭痛、乳房脹痛、不規律出血等症狀。這些症狀通常會在持續服用二至三個月後減輕，但如果症狀過於嚴重，建議諮詢開處方箋的醫生。

◆ 服用避孕藥會使血栓症（血管內的血液凝固，導致血液無法流動）的風險略微上升。雖然發生的機率很低，但多喝水、避免長時間坐著不動，經常活動雙腳，可以減少風險，無需過度擔心。

如果在服用期間出現血栓初期的症狀（如小腿疼痛、腫脹、手腳麻木、胸部劇烈疼痛、劇烈頭痛等），應立即諮詢你的主治醫生。

memo

透過APP進行診察、配送避孕藥的「smaluna（スマルナ）」

這項服務包括從醫師診察到避孕藥的處方及配送。在APP內的スマルナ醫療諮詢室，助產士和藥劑師也會提供諮詢服務。

※使用年齡需滿十八歲。

哪裡拿得到低劑量避孕藥？

需要到婦產科就診並由醫生處方。費用因各醫療機構不同而異，但通常一個月的費用約為三千日圓左右。

Movie

避孕藥是什麼？
徹底解說效果與副作用【上集】

比較避孕藥的優缺點
重要的是自己是否能接受這樣的方式【下集】

SHIORINU 諮詢室 1

Q

關於低劑量避孕藥，我媽媽說**「十幾歲的人應該不能服用，而且會導致不孕？」**

A

即使是十幾歲的青少年，**如果有需要，也可以開始服用低劑量避孕藥**。停藥後，只要排卵恢復，就有可能懷孕，服用避孕藥並不會使懷孕變得困難。

Q

不太敢去婦產科……。

感覺會被罵吧？

A

如果對生理期等狀況感到不安，

隨時都可以就診。

認真對待自己的身體是一件非常棒的事情。

Q

聽說她在吃低劑量避孕藥，**所以做愛的時候就可以不戴保險套嗎？**

A

保險套也是預防性病傳播感染的重要措施。是否要戴保險套是兩個人共同討論決定的。**如果她在吃避孕藥，也不能隨便決定要不要戴。**

生理期好不舒服～各種疑難雜症～

每月一次的大騷動篇

疑難雜症篇

解決篇

生理期好不舒服～各種疑難雜症～

母女誤會篇

疑難雜症篇

解決篇

生理期好不舒服～各種疑難雜症～

無法全力發揮篇

疑難雜症篇

解決篇

06

射精其實是非常複雜的

將精子送到外面的世界其實是一段複雜的過程

初精（第一次射精）是男性的第二性徵之一。射精則是指體內產生的精液通過陰莖內的尿道排出體外。

物理刺激或性刺激以提高性興奮度，從而引起大腦反應，導致血液流入陰莖。

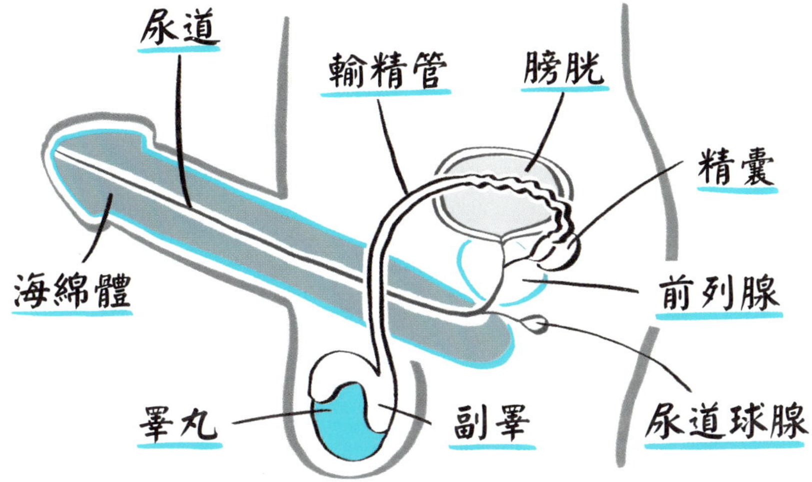

※ 勃起狀態圖示

海綿體是一種像海綿一般的細小血管組織，當血液聚集在海綿體時，陰莖會變硬變粗，這種狀態稱為**勃起**。

射精是由於陰莖受到刺激後，神經反應引發肌肉收縮而發生的。

精子在**睪丸**中生成。

睪丸是一個非常重要的器官，表面有大量的神經集中於此處，碰撞時會引起劇烈疼痛。因此，需要小心對待。

在睪丸中產生的精子會從副睪經由名為輸精管的細管輸送，在射精時，精子會與精囊和前列腺的分泌液混合，通

memo

一個精子生成的時間約為七十四天。在睪丸中，每天會產生五千萬到一億個精子。

過尿道以精液的形式排出體外。

在睡眠中發生的射精稱為**夢遺**。如果發現內褲上有精液，應該先用清水沖洗，再放入洗衣機清洗。

精子每天都在生成，因此即使頻繁進行自慰或性交，**精子也不會耗盡**。如果在自慰時長時間使用不適當的方式進行，可能會造成在性交時無法在陰道內射精，這種情況稱為「**陰道內射精障礙**」。

陰道內射精障礙可能是導致不孕的原因之一，因此，必須注意自慰的方式。

07

「大一點比較受歡迎」只是都市傳說

讓男生們煩惱不已的尺寸情結

不知道從何時開始，社會上充斥著「陰莖越大越好」的觀念。男性之間經常會拿陰莖的大小相互比較，有時甚至會嘲笑陰莖較小的人。根據我的頻道觀眾的留言回饋，有許多人會對自己的陰莖大小感到自卑和不安。

因此，這裡將討論以下幾個問題：

「陰莖的平均大小是多少？」

「陰莖較小是否會影響性生活？」

「陰莖較大是否眞的更受歡迎？」

據說日本男性陰莖在**勃起時的平均長度約爲十三公分**。許多人在與朋友談論時，往往會誇大其詞或虛張聲勢。因此，如果你擔心自己的陰莖較小，可以參考這個平均值。

即使低於平均值，通常也不會對性生活造成太大影響。在性生活中，女性的陰道長度約為八公分左右，而**勃起時的陰莖只要有五公分左右，就足以進行性生活**。

有些人可能會認為「尺寸越大越能讓對方感到舒服」，但**與伴侶之間的親密接觸並不是那麼簡單的事**。

Movie

【讓男生們煩惱不已】讓我們來談談尺寸情結吧

因為自己只能從正上方看到自己的陰莖，所以在廁所或公共澡堂時從側面或斜視他人的陰莖時，即使尺寸相同，也會覺得對方的比較大。

性的親密接觸是建立在彼此間的安心感、相互傳達需求的溫暖氛圍以及各種體貼和關愛之上的，其好壞並不僅僅取決於生殖器的大小。

即使你的陰莖低於平均值，也不應該因此放棄建立能與伴侶在性生活中互相滿足的關係；即使陰莖大於平均值，也不要因此自以為能滿足任何人。

我認爲，能夠細心關心對方並建立良好關係的人，無論陰莖大小，都會顯得非常有魅力。

08

包莖是什麼？

給總是被包皮長短搞得一頭霧水的你

你聽過「包莖」這個詞嗎？可能有人會認為「包莖不好看」或「包莖需要動手術處理」等這類的說法。

包莖是指**陰莖的「狀態」，即陰莖的龜頭被包皮覆蓋的情況**。

在日本，對這種狀態普遍認為「包莖的男人很遜」，導致許多人因此感到自卑。然而，另一方面也有說法認為「其實大多數日本男性都是包莖」，這讓許多人感到困惑，不知道到底哪種說法才是真的。

試著思考以下幾個問題：

「包莖到底是什麼？」

「包莖有需要動手術嗎？」

「包莖真的很遜嗎？」

首先，包莖可分為以下幾種類型。

Movie

真的有必要動手術嗎？真的很遜嗎？徹底解說包皮大小事

Point

◆ **真性包莖**：在沒有勃起的狀態下，包皮無法翻開，且龜頭毫無露出的狀態。

◆ **假性包莖**：用手翻開包皮，龜頭即能露出的狀態。

真性包莖的包皮開口太小，導致難以將龜頭露出，若強力將包皮翻起露出龜頭後，使包皮卡在陰莖翻不回去。這時龜頭可能會出現紅腫的狀況，形成**「嵌頓性包莖」**的狀態。此外，即便在未勃起的狀態下能翻開包皮的假性包莖者，若其包皮開口過小而難以翻開包皮，強硬翻開反而也可能導致嵌頓性包莖。

在這些包莖類型中，如果是用手就能翻開包皮的**假性包莖，依然可以算是完全正常的狀態**。也許因為「包莖」這個名稱，可能會讓人擔心是否需要治療，但其實並不需要。日本男性大多都是這種假性包莖，其

實是不需要治療的。

如果是真性包莖，即使沒有勃起，包皮根本也無法翻起，或者包皮開口狹窄，強硬翻開包皮所致的嵌頓性包莖，也可能是因為污垢積聚在包皮內發炎，或是在性交時因劇烈疼痛而需要進行治療。

如果你有「我可能有包莖，需要治療……？」的情況時，請先嘗試自己練習**緩慢輕柔地將包皮翻開**。

洗澡時，盡量把龜頭翻出來洗乾淨，然後再翻回去。剛開始時，可能在清洗時會有刺痛感，但最終會逐漸習慣。如果你每天練習將包皮一點一點向下拉，包皮的開口就會變寬，最後便可能轉為假性包莖的情況。

如果嘗試自行練習仍無法改善，**請諮詢泌尿科醫生**。

memo

如果強硬地翻開包皮可能會有嵌頓性包莖的風險，請務必不要勉強。

即便去就診也不一定就得動手術，也許醫生會提供像是使用藥膏等藥物來幫助包皮向下滑脫的治療。即使最後診斷必須動手術，其費用也不會很高，如果是因為真性包莖或嵌頓性包莖而影響了你的日常生活，保險也可以補助手術費用。

若在醫美診所進行手術可能花費會比較高，所以建議直接到泌尿科就診即可。再次強調，**包莖單純只是一個描述陰莖狀態的詞，並不影響個人本身的魅力**。沒有必要過度理解成「我有包莖，所以我這樣很遜」。只要不影響日常生活就沒有問題。如果有問題，就請接受治療吧。

最後，我曾經收到一位男性觀眾的評論，他說：「也就是說，當我去公共澡堂時，大多數人都是沒有包皮覆蓋的裸龜頭！」，但其實有一些人是「**炫耀性龜頭外露**」，這意思是說包莖的人只有在別人能看到的情況下才用手把包皮拉下來。

09

你的身體，只屬於你自己

你有說「討厭」的權利

私密部位指的是生殖器、胸部、嘴巴等身體性器官部位的統稱。這通常是指在穿著泳裝時被遮蔽的部位加上嘴巴。

＊編審註：不只是這些部位，你的身體每個部位都很重要，誰都不能未經允許就碰觸你。

私密部位

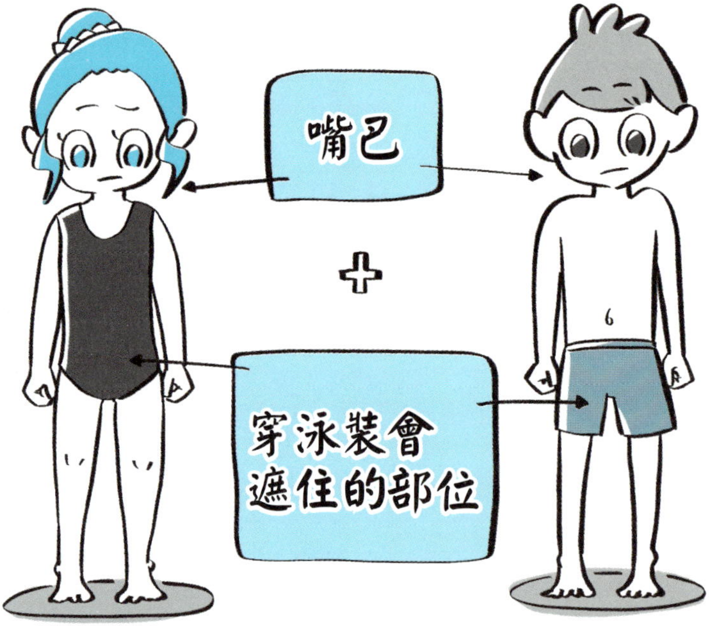

身體中特別重要的部位！

私密部位與性經驗有著非常深刻的關聯，是身體中需要特別保護的重要部位。沒有你的同意，任何人都不應該觸碰或觀看你的私密部位。同樣地，你也不應該在未經對方同意的情況下觸碰或觀看他人的私密部位。

如果朋友掀你的裙子或拉下你的褲子怎麼辦？
如果戀人要求你拍裸照並發給他怎麼辦？
如果身邊的成年人觸碰你的私密部位怎麼辦？

如果你覺得這讓你不舒服，或者覺得有什麼不對勁，請向家人、老師等值得信賴的成年人尋求幫助。

你有權利保護自己的安全，有權利對你不喜歡的事情說「不」。你的身體是屬於你自己的。

此外，因為私密部位是非常重要的地方，所以要學會如何清洗並保持清潔。

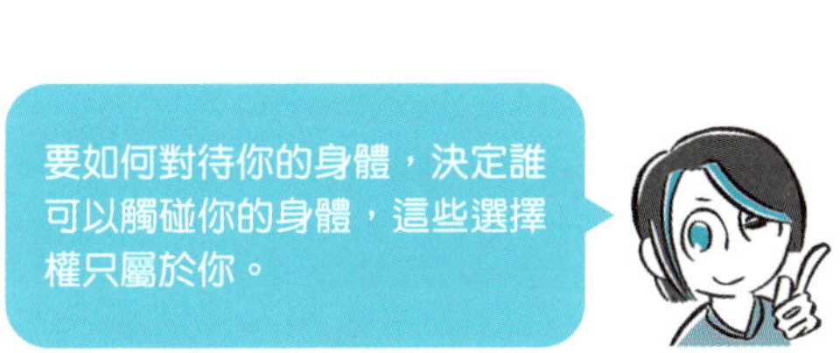
要如何對待你的身體，決定誰可以觸碰你的身體，這些選擇權只屬於你。

男性生殖器清潔方式

HOW TO

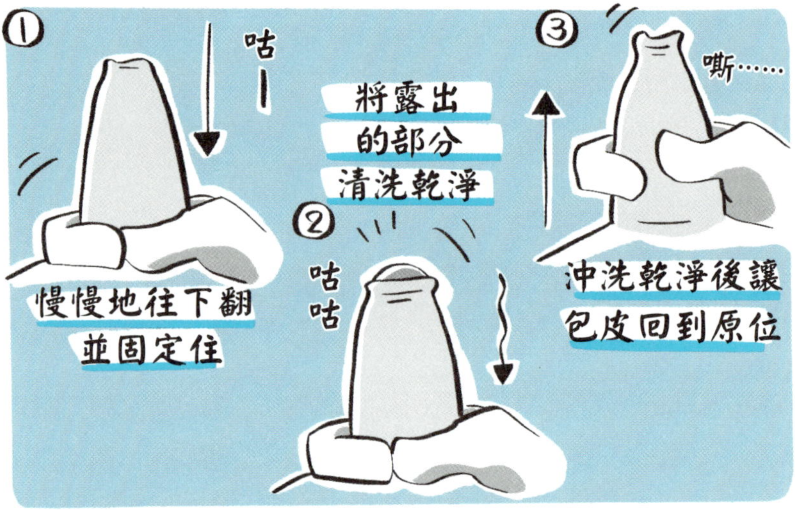
①
咕—
慢慢地往下翻
並固定住
將露出
的部分
清洗乾淨
②
咕咕
③
嘶……
沖洗乾淨後讓
包皮回到原位

為了徹底清洗包皮內側堆積的污垢，盡可能地將包皮往下翻，使用沐浴乳的泡沫清洗乾淨。（洗完後再將包皮翻回原位）這樣可以保持清潔，防止發炎等問題。

女性生殖器清潔方式

HOW TO

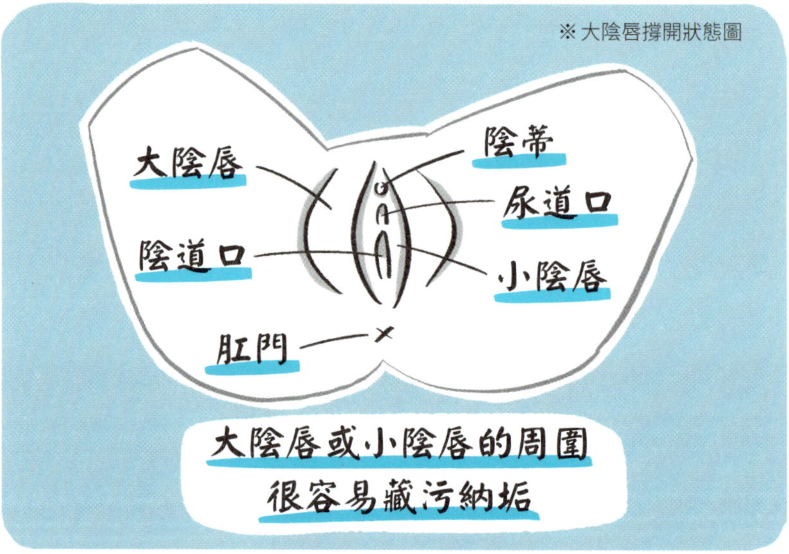
※大陰唇撐開狀態圖
大陰唇
陰蒂
尿道口
陰道口
小陰唇
肛門
大陰唇或小陰唇的周圍
很容易藏污納垢

使用泡沫仔細清洗外部。皮膚褶皺處容易積聚汗水等污垢，因此要仔細清洗。陰道內不需要用肥皂清洗。市售的沐浴乳刺激性較強，可能導致發炎，因此使用專門的私密部位清潔劑也是不錯的選擇。

10

「自慰」、「手淫」、「自我愉悅」你都怎麼稱呼？

其實不論男女，「有沒有自慰都沒問題」

自慰指的是靠自己刺激自己的生殖器等部位以獲得性快感的行爲。也常另稱為「手淫」或「自我愉悅」。

這是以能讓自己感到愉悅的方式對待自己的身體，所以當然不是不能做的事情。想做的人有做的權利，而不想做的人也有不做的權利。

Movie

【重要】一個人自慰時要注意的三個重點！

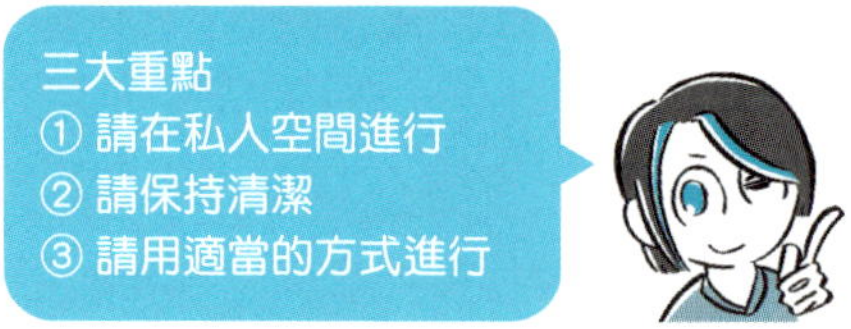
三大重點
① 請在私人空間進行
② 請保持清潔
③ 請用適當的方式進行

自慰是不分性別、了解自己身體和控制性慾的重要方法。進行自慰時，請遵守以下三個要點。

①自慰是關於自己私密部位非常隱私且重要的行爲。

避免被家人或朋友等他人看到自慰行為，因為這可能會傷害自己或他人。當進行自慰時，請確保是在一個能夠保護個人隱私的空間內進行。

②生殖器等私密部位非常敏感，所以保持清潔非常重要。

在使用成人用品時，請依使用方法正確使用，並使用保險套。此外，請在使用前徹底清潔手指。

③若習慣了自慰所帶來的刺激，而這樣的刺激無法在實際性行爲中獲得時，可能會導致陰道射精障礙和性高潮障礙等症狀。

自慰時，避免製造一些無法透過性行為獲得的強烈刺激（例如將陰莖握得太緊、在地板上摩擦陰莖、使用刺激性太大的成人用品），要小心地以溫和的刺激來進行。同樣重要的是，避免透過一些無法在性交過程中做到的姿勢來進行自慰。

memo

TENGA公司於二〇一八年所進行的調查中顯示，男性有百分之九十六、女性有百分之五十八曾有過自慰的經驗。由此可知自慰並非男性的專利。
資源來自：https：//www.tenga.co.jp/topics-archives/2018/05/28/6295/
月刊TENGA vol.1.1「（世界自慰調查）マスターベーション世界調查」結果發表

11

正面對決！這就是懷孕的過程

懷孕是一種奇蹟，但奇蹟也有可能明天就發生

卵子和精子結合後，開始受精，形成受精卵。精子通過陰莖插入陰道的性行爲（性交）中射精進入女性體內，與卵子相遇。

CHECK

▶ **受精**

精子進入卵子內部，通過細胞分裂成長至可發育的狀態。

CHECK

▶ **受精卵**

精子與卵子結合後形成的初始細胞。

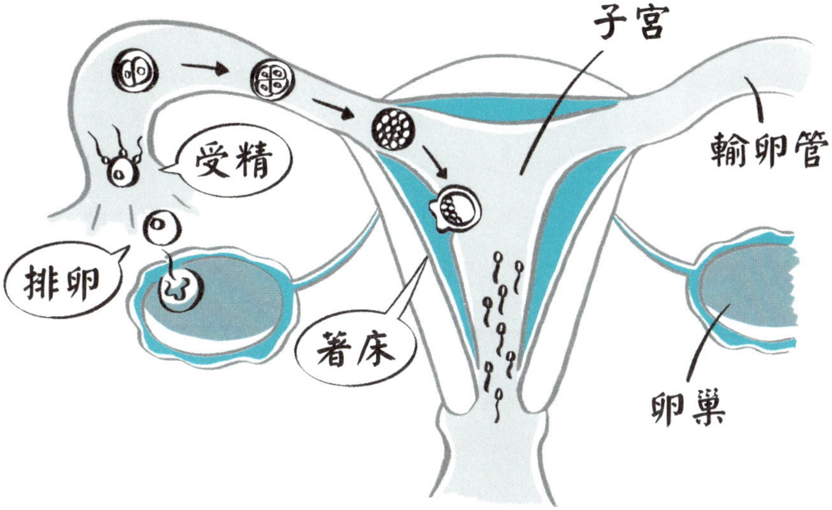

精子和卵子的受精能力上，精子的情況可在**射精後存活三到五天**，卵子則能在**排卵後存活約二十四小時**。當兩者的時間點完美契合時，受精就會成功，並且在受精卵著床後，便會懷孕成功。

聽到這裡，你可能會想「**如果一個月只有一天能懷孕，那幾乎所有的日子都不會懷孕啊！**」但實際上，精確預測排卵時間並不容易。

一定要記住，**沒有絕對不會懷孕的安全期**。

memo

如果因為不孕症等原因，使透過性行為進行受精的過程變得困難，也可以從男女雙方的體內取出精子和卵子，藉由人工授精或體外受精的方法進行受精。

Movie

【超基礎】助產師告訴你懷孕的過程

只要有生理期或射精的性徵出現，便表示**身體已經成長到可以懷孕的狀態**。在不希望懷孕的時機進行性行為時，確實避孕是非常重要的。

隨著年齡增長，男女雙方的生育能力會逐漸下降。男性製造正常精子的功能會衰退，而女性原本擁有的卵子的品質也會降低。希望將來能懷孕生子的朋友們，需要了解這些知識，並根據自己的情況來**規劃人生（如生育計畫）**。

即使有意願懷孕並進行性行為，也可能會遇到**不孕症**。不孕症的原因百百種，可能來自男性或女性，也有可能找不出原因。如果一直無法成功懷孕，建議到專科診所就診並接受治療。

順帶一提，體外射精（外射）是無法確實避孕的！更確實的避孕方法會在P88之後的章節中介紹。

12

生孩子是什麼感覺……

懷孕和分娩可是一個非常繁重的大工程喔

如果想要懷孕生子，身體將會發生什麼樣的變化呢？在這裡，我們將討論懷孕和分娩所引起的變化以及身邊的人可以提供什麼樣的支持。你的媽媽也一定經歷過這樣的體驗。

Movie

【臨產實戰】解說分娩當天的流程！不知如何規劃分娩計畫的您一定要看【#6】

オンライン
両親学級
妊娠中期～後期向け②
経膣分娩の流れ
バースプランの書き方
#6

CHECK

懷孕期間身體的變化

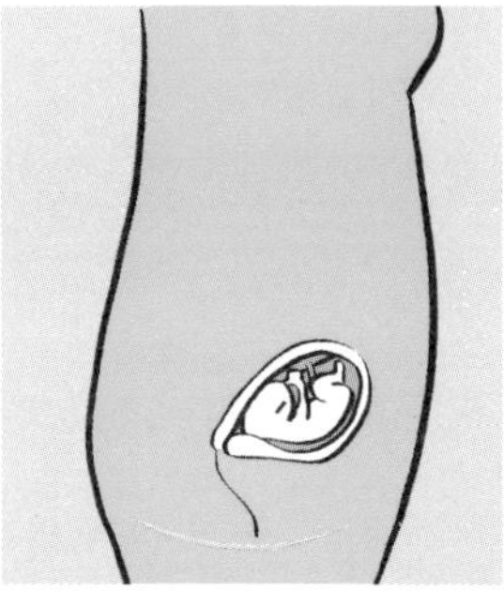

懷孕初期（懷孕二～四個月）

開始孕吐，可能會感到噁心、疲倦乏力和睏倦。雖然從外表看不出懷孕，但這段時間不能太勉強自己。

▼

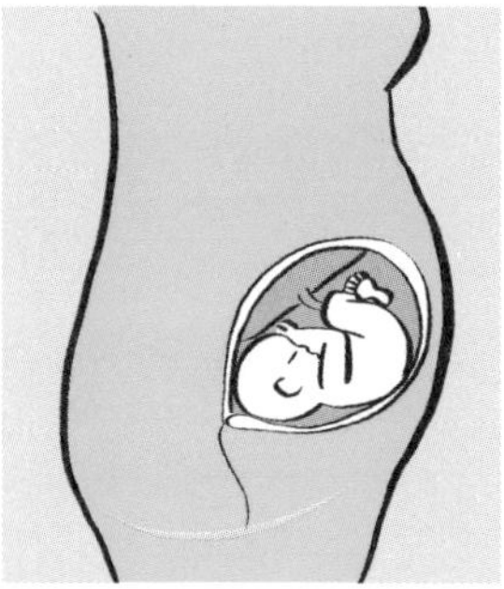

懷孕中期（懷孕五～七個月）

肚子變大，漸漸能感受到胎兒的活動。這時期，由於大腹便便的狀態，使孕婦容易有腰痛或便祕等症狀。

▼

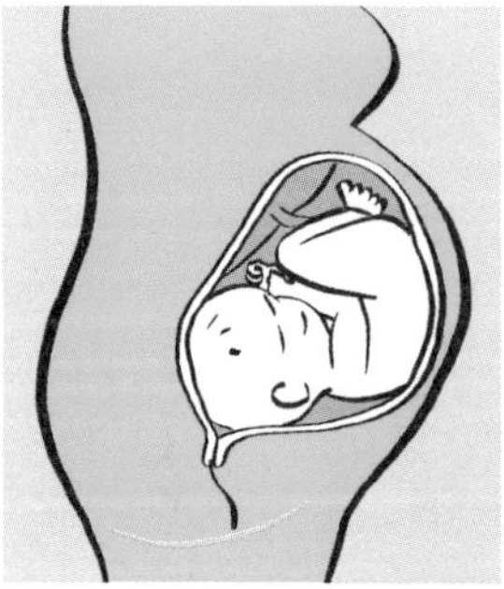

懷孕後期（懷孕八～十個月）

肚子會變得更大，容易出現心悸、氣喘等現象。隨著臨近分娩，可能會感覺到類似輕微陣痛的疼痛感。

分娩方式

分娩的方式主要分為兩種，分別是陰道分娩和剖腹生產。

Point

◆ 陰道分娩

嬰兒通過子宮和陰道出生的方法。

透過陣痛使子宮收縮的力量配合母親施力，將嬰兒生出來。

近年，藉由麻醉來減輕陣痛的無痛分娩方法也越來越普及。陰道分娩的情況下，初次分娩者通常需要約十六小時左右，而對於第二胎及以後的分娩，則通常需要約八小時左右。

Point

◆ 剖腹生產

透過手術將腹部剖開，使胎兒可以順利分娩。

若胎兒胎位不正或因為其他各種無法進行陰道分娩的因素發生時，便會使用此手術分娩。

在大多數情況下，會使用局部麻醉進行手術，但根據情況有時也需要全身麻醉。手術時間約為一至二小時。手術後，下腹部會留下一道剖腹的痕跡。

生產方法的選擇差異會考慮母親和嬰兒的健康狀況，以確保更安全的分娩。

無論哪種分娩方式，母親和嬰兒都是以生命全力以赴。

因此每種生產方式都沒有優劣之分。

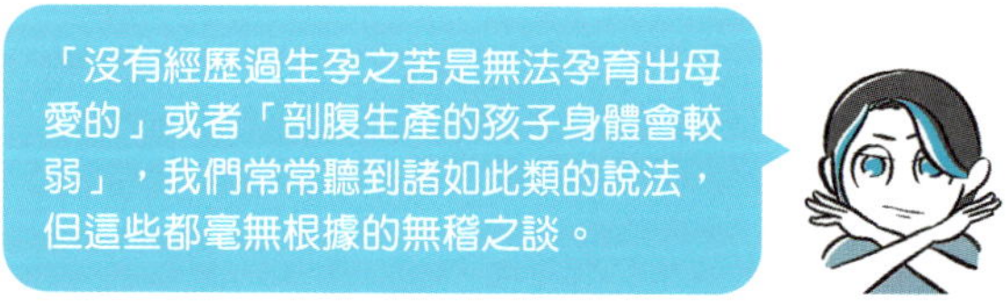
「沒有經歷過生孕之苦是無法孕育出母愛的」或者「剖腹生產的孩子身體會較弱」，我們常常聽到諸如此類的說法，但這些都毫無根據的無稽之談。

分娩後的身體變化

產後大約需要六至八週的時間，身體才會逐漸恢復到懷孕前的狀態。這段時間被稱為**產褥期**。

完成了如此辛苦的大工程後，身體遭受了巨大的損傷。生殖器可能會有持續性的出血（稱為惡露），並且可能在腹部、腰部和腫脹的乳房等多處感到疼痛。因此，**爲了恢復，慢慢休息是非常重要的**。

儘管如此，產後的媽媽也時常因為要照顧寶寶而需要在半夜裡每隔二到三個小時醒來。

她們的身體已經非常疲憊，每天也睡眠不足。我相信大家都能想像這樣的日子是多麼辛苦。

媽媽在生產後不會突然就變成育兒大師。她們仍需透過家人、醫生、助產師、保健師等專業人士的支持，慢慢習慣育兒工作。

生產後由於荷爾蒙平衡的大幅變化，可能會導致精神上的不穩定。她們可能會因為小事而感到惱怒，或者突然因為無端的事情而哭泣。這些變化是許多媽媽們都有的經驗。

為了讓媽媽和寶寶都能健康快樂地過日子，家人們分擔家務和育兒工作等來自周圍的支持是非常重要的。

Movie

【超重要】不要輕視產前產後的心理不適【#4】

オンライン
両親学級
妊娠初期～
中期向け④
産前産後のメンタル
#4

從產後憂鬱症邁向守護媽媽們的社會 1

產後，由於激素變化和育兒壓力等原因，可能會導致精神不穩定，
育兒壓力
荷爾蒙變化
這種情況被稱為「產後憂鬱」，通常在產後兩週左右會逐漸緩解。
但是，如果一段時間後精神不穩定的情況仍未改善，則有可能是「產後憂鬱症」。
據說產後憂鬱症在產婦中約有十分之一的人會發生。
根據症狀的不同，可能會導致疏忽虐待（neglect）* 或母親自殺的風險。
…
請試著想像在稍有差錯就可能危及嬰兒生命的情況下，
只要一個不小心，這孩子的生命就……
成為「父母」所需承擔的責任感和壓力有多大。

* 譯註：「疏忽虐待」意指不加注意或忽視兒童少年生活的基本所需，以致於兒童少年身心或權益受損。

從產後憂鬱症邁向守護媽媽們的社會 2

隨著社會越來越將育兒責任推到父母身上，父母也因而感受到巨大的壓力，這使得育兒變得更加孤獨和艱難。
唉呀呀……
我認為育兒應該是全社會共同的責任。
如果看到抱著嬰兒的人上了電車，可以試著讓座。
如果在家庭餐廳看到有嬰兒在哭，可以試著微笑著對父母說「沒事的」。
我相信這樣的每一個小舉動，都能夠幫助到許多媽媽和嬰兒。
這裡讓你坐！
沒事的！
讓我們共同努力建立一個讓父母可以安心育兒，並且在感到不安時能夠立即求助的社會吧。

13

徹底解說
婦科是做什麼的？
會被問到什麼？

想就診但卻心生恐懼的人一定要看

當你在考慮是否應該去婦產科就診時，可能會面臨猶豫不決的情況，或是難以判斷什麼狀況需要就醫。這種情況並不少見吧？

在這一章中，我們將介紹婦產科究竟是什麼樣的地方。

Movie

【直擊採訪】總結第一次去婦產科時會想了解的所有事項！

婦產科是專門處理與女性生理相關的問題、也包括懷孕和分娩護理、子宮內膜異位症和卵巢囊腫等婦科疾病，以及更年期症狀等**所有年齡層女性會出現的各種女性特有症狀和疾病的診療**。

Point

婦產科應在哪些情況下就診？

- 當經痛嚴重到影響日常生活時
- 當月經出血量過多時
- 當經前症狀或情緒波動嚴重時
- 當希望提前或延遲月經時
- 當考慮使用避孕藥時
- 十五歲過後月經還沒來時
- 當希望接種子宮頸癌疫苗時
- 當需要進行性傳染病檢查時

有些醫院診所的網站上會明確標示「歡迎青春期的患者就診」喔！

二十歲之後
要每兩年接受一次
子宮癌檢查喔！
婦產科
※檢查的費用大多需要自費喔

婦產科提供的服務包括女性特有的癌症像是子宮頸癌和子宮體癌的篩查、生理期調控以及避孕藥的諮詢和處方，致力於**從各方面支持女性的健康生活**。

即使有時會擔心「這樣的問題是否有必要諮詢」，但其實**只要有任何疑慮或擔心，隨時都可以直接就診**。

Movie

【害怕看婦產科的人必看】子宮頸癌篩查是做什麼的？來參觀導覽婦產科診所吧！

頸がん検診って
何するの？

婦產科的診察就像這樣

上網瀏覽各家診所的網站
xxclinic
有需要的話就直接預約看診！
也可以在電話中直接諮詢
到了診所之後，先填寫看診單，
可在上面填寫想諮詢的問題。
醫生看診時，
可能會被詢問這些問題喔
什麼症狀呢？
什麼時候開始的？
有性伴侶嗎？
初經來了嗎？
有過性經驗嗎？
etc...
如果怕忘記想諮詢的問題
也可以事先筆記喔
如有必要就會進行
腹部超音波檢查或內診
很像看牙醫坐的椅子
晃動
穿裙子會比較方便喔！
也有可能抽血檢查
如果有開處方藥
藥局
去藥局取藥後即可回家！
完成！

14

一起了解泌尿科吧！

如果有男性生殖器相關的困擾就看這裡

關於男性性健康常見的問題是：「男性的性健康問題應該去哪裡諮詢？」答案是泌尿科。

雖然泌尿科主要處理尿液生成和排出相關的器官（如腎臟、膀胱、尿管等）的疾病，但**實際上，泌尿科也提供男性生殖器相關的治療**。

泌尿科處理的疾病範圍非常廣泛，包括男性不孕症、性傳染疾病、陰莖癌、睪丸癌、龜頭包皮炎、尿路結石等。這些疾病都涉及泌尿系統和男性生殖器的健康。

Point

泌尿科應在哪些情況下就診？

- 當對生殖器的大小或外觀感到不安時
- 當有勃起障礙、射精障礙等性功能問題時
- 當需要諮詢包皮過長的問題時
- 當需要討論自慰相關問題時
- 當需要進行性傳染病檢查時
- 當生殖器部位出現癢、痛或腫脹時
- 當生殖器部位出現異常腫塊時

請仔細閱讀醫院的網站，確認你的諮詢內容是否與醫院提供的服務相符。

有些醫療機構專門處理與生殖器大小、形狀、功能、包皮問題以及性傳染疾病相關的問題，這些問題在青春期比較常見。如果有任何不安，請隨時向這些醫療機構尋求幫助。

泌尿科的診察就像這樣

瀏覽各家醫院診所網站確認是否可諮詢青春期相關的問題
○○clinic
思春期相談
……
……？
……
有需要的話就直接預約看診！
也可以在電話中直接諮詢，
到了診所之後，先填寫看診單
如果不想要女性醫療人員在場也可以直接寫在上面！
醫生看診時，可能會被詢問這些問題喔
什麼時候開始的？
什麼症狀呢？
有正在治療中的疾病嗎？
有性伴侶嗎？
有過性經驗嗎？
如果怕忘記想諮詢的問題，也可以事先筆記喔◎
若有必要就會進行尿液檢查、觸診或視診
也可能進行超音波檢查或抽血檢查
如果有開處方藥
藥局
完成！
去藥局取藥後即可回家！

性啟蒙2

2 如何與伴侶建立安心的關係？

如果有伴侶了就要記得這些事！

保護自己和對方的知識

15

做愛是為了什麼？

因人而異的做愛理由和意義

性行為（特指男女之間的前提）可能會導致懷孕，但其目的並不僅僅是為了傳宗接代。

人們進行性行為的原因五花八門，但大致可以分為以下三類。

Point

①為了繁衍下一代的性行為
②為了交流和愉悅感的性行為
③性行為作為一種手段

第一類是為了**繁衍下一代**的性行為。

這種性行為的目的是將精子送到卵子處，實現懷孕生子，養育孩子的目標。

依據職涯規劃或家庭情況，與伴侶共同決定何時進行懷孕和生育，這則是被稱為「**家庭計畫（Family Planning）**」。

第二類是為了**交流和愉悅感**的性行為。

與愛人進行性接觸會帶來巨大的幸福感。性行為或接吻等性的接觸是一種**對伴侶表達愛意**的方法。

當然，也有不進行性行為的人，並不是說交往後就一定要進行性行為。

此外，性行為會帶來**身體上的愉悅感**。有時，只是為了享受自己身體帶來的愉快感受。因此性行為的對象不一定是異性。

最後一種是作為**手段**的性行為。

例如，成人影片演員或提供性服務的性工作者，他們以進行性行為為職業。此外，性行為有時也會被用作控制他人人身自由的手段。像強姦、家庭暴力（domestic violence，DV）、性虐待、猥褻等行為都是**性犯罪**，無論出於何種目的，這些行為都是不可容忍的。

性行為在具備正確知識、自願且安全進行的情況下，會成為一種美好的體驗；但如果**方法不當，則可能會嚴重地傷害到他人**。

因此，為了不傷害自己和重要的人，並健康地生活，掌握性知識是非常重要的。

最重要的是確保性行為是基於自己的意願和願望進行的。

16

到底幾歲可以有性行為？

重要的是彼此都有「想做」的心意

許多人可能會覺得「有了戀人就應該進行性行爲」。

在電視劇和漫畫中，戀人之間進行性接觸的情節是很常見的；因此，當有了伴侶後，可能會產生「我也想試試！」或「是不是應該這樣做？」的感覺。

然而，性行為可能會導致懷孕或性傳染病等對人生產生重大影響的情況。但從另一方面來看，性行為又是一種與伴侶表達愛意的方式，同時伴隨著身體上的愉悅感受。

那麼，到底什麼年齡適合進行性行爲呢？

這個應該由自己決定，所以無法明確地說「從0歲開始可以進行性行為！」但以下是五個可以作為考慮的參考項目：

①是否充分了解自己和對方的身體？

性行為涉及到懷孕的可能性和性傳染病的風險。

Movie

幾歲之後才能做愛呢？決定前要考慮的五大重點！

性行爲自我檢視表

- ☑ 是否充分了解自己和對方的身體？
- ☑ 彼此是否都有進行性行爲的意願？
- ☑ 如果途中覺得不想做了是否能明確表達出來？
- ☑ 是否了解可行的避孕方法？
- ☑ 若有意外狀況發生，是否知道如何處理？

了解自己和伴侶的身體，以及懷孕過程和性傳染病的傳播途徑是非常重要的。**如果不希望懷孕，應採取避孕措施以及預防性傳染病的行動。**請務必深入了解自己和對方的身體。

②彼此是否都有進行性行爲的意願？

性行為對雙方的心靈和身體都有重大影響。在進行性行為之前，必須確認雙方都有意願這樣做。

想要有性接觸的那一方必須好好地**透過言語和行動去取得對方的同意**。

③如果途中覺得不想做了是否能明確表達出來？

性行為必須在安全和安心的情況下進行。開始前確認雙方的同意是必要的，但同樣重要的是，在過程中如果有任何不適或想中斷的情況下，是否能夠毫不猶豫地表達自己的感受。確保雙方能夠誠實地表達不願意或需要中斷的意願。

④是否了解可行的避孕方法？

如果伴侶是異性，並且不希望懷孕，則需要採取避孕措施。了解自己可以使用的避孕方法，如保險套或低劑量避孕藥，**並正確使用以自己為主的避孕方法**。

⑤若有意外狀況發生，是否知道如何處理？

由於無法百分之百預防懷孕或性傳染病。即使採取了所有可能的預防措施，仍可能會發生意外。因此，了解在遇到突發情況時應該向誰尋求幫助，去哪裡，以及該怎麼做，是非常重要的知識。

「幾歲開始有性行為絕對沒問題？」這個問題的答案並不存在。然而，當你在考慮了上述項目後，能夠真心覺得「現在的我可以放心地進行性行為」，那麼那可能就是適合的時機。

此外，**擁有伴侶並不意味著你必須進行性行爲**。感到不安或恐懼時選擇暫時不進行性行為，也是很重要的選擇。請掌握正確的性知識，並依循最適合自己的選擇吧。

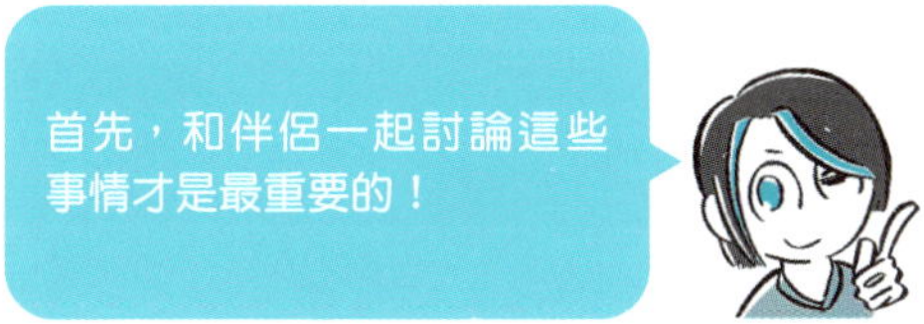

17

你會怎麼邀請對方？關於性合意的討論

與其著重於「浪漫氛圍」，更重要的是要建立保有安心感的關係

「性合意」一詞，其英文為「sexual consent」，指在進行任何性接觸之前與對方確認、表示明確同意的意思。

在關係對等
的狀態下
每次
確認
不能強迫
任何人

雖說如此，但要確認彼此合意這件事其實是很難想像要如何具體執行。

因此，首先讓我告訴你在考慮性合意時應該著重的三個要點。

①拒絕也沒關係的環境

性接觸是會對人的身心產生重大影響的行為。

有時，這種影響是愛的表達或愉悅等正面的影響；但也可能是意外懷孕、感染性病、不願意進行性行為所帶來的心理衝擊等負面影響。

Movie

【怎麼開口？】
介紹確認性合意的技巧

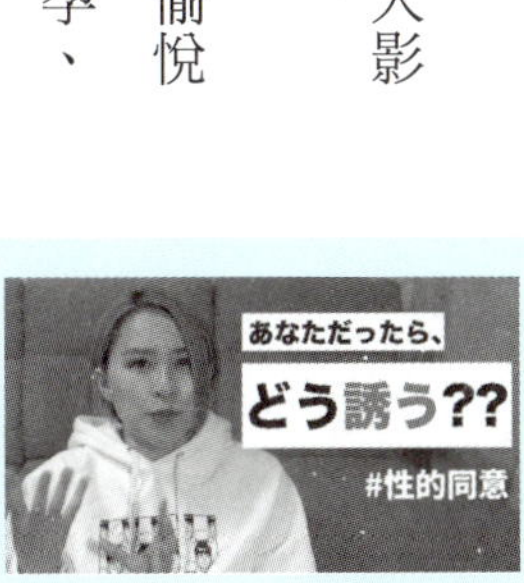
あなただったら、
どう誘う??
#性的同意

這種行為對人的生活有著重大影響，因此「不想做」的意願也必須被尊重。

② 對等的關係

當社會地位或權力差異導致雙方關係不對等時，很難確認對方真實的感受。

③ 一次的同意並不代表對所有行爲都同意

例如，同意接吻並不等於同意性交，昨天說「可以」，但今天改變心意也是有可能的。每次都需要確認對方的想法，這是非常重要的。

也許有人會心想：「但是……究竟該如何確認是否合意呢？」

有人可能會覺得確認性合意會破壞氣氛，尤其是那些認為接吻和性行為必須在浪漫氛圍下有技巧地被引導進行的人。

確認同意，才能繼續。
Sxx EDUCATION 的經典名句：
「先確認同意，再來搭帳篷！」

但是，因為不想讓氣氛變得尷尬或者不敢直接詢問，就自行認定……

「既然願意和我見面，那麼接吻應該沒問題。」

「既然兩人獨處一室，那麼應該可以做愛吧。」

像這樣隨便的想法是絕對不可以的。

其實，取得性合意和詢問「今天晚餐想吃什麼？」或「想看什麼電影？」的差別不大。

直接表達自己的感受，比如

「我想吻你，可以嗎？」

「我有點想做愛，你呢？」

像上述這樣，能直接表達自己的感受，才是負責任的溝通方式。

確認性合意的責任在於提出行動的那一方。

有時候，人們會覺得吻或性行為必須由男性主動邀請（**盡可能地主動引導**），或者擔心女性主動會被認為不矜持，這種擔憂相當常見。

對於會有這些擔憂的人，我想強調的是，**無論是希望與對方進行性接觸的心情，還是確認合意的行動，都與性別無關**。

memo

如果讓對方感到「難以拒絕」的情況下確認性合意，就需要特別注意這樣的情況是否變成了一種強迫。應該明確告知對方：若對方不願意，可以直接說，而且拒絕不會對你造成任何負面觀感，這樣可以幫助建立一個讓對方容易表達真實感受的情境。

我認為，無論什麼性別，能夠真誠地表達自己想要與對方親密接觸的心情，並且誠實地確認對方意願的人，都是非常令人佩服的。

18

那真的能避孕嗎？避孕方法的真相

了解清楚再依據自己的需求來選擇

當你在不希望懷孕的時候進行性行為時，為了避免懷孕，需要採取「避孕」措施。
以下介紹在日本常用的避孕方法。

Movie

【怎麼做才對？】立刻就能做到的超安心安全避孕法

保險套

將袋狀的保險套套在陰莖上，防止精子進入陰道從而達到避孕效果的方法。

避孕成功率

85-98%

價格

10個裝大約1000日圓左右

哪裡買得到

超商、
藥妝店、
網路商店

正確使用保險套可以提高避孕效果。

▶ P93 必須練習！保險套的穿戴方式完整版

此外，保險套在預防性傳染病方面也非常有效。
即使使用其他避孕方法，在進行性行為時，仍建議使用保險套來預防性傳染病。

尺寸 *Size*

保險套有不同的尺寸。如果太緊可能會引起疼痛；如果太鬆則可能在使用過程中脫落。因此，在使用前請確認適合的尺寸。

材質 *Material*

保險套的材質種類多樣，包括乳膠、聚氨酯和異戊二烯橡膠。如果使用乳膠製保險套時感到疼痛、搔癢或不適，可能是乳膠過敏的症狀。此時，可以嘗試使用聚氨酯或異戊二烯橡膠製的保險套。

低劑量避孕藥

透過每天在固定時間服用一次含有女性荷爾蒙的藥物來進行避孕的方法。

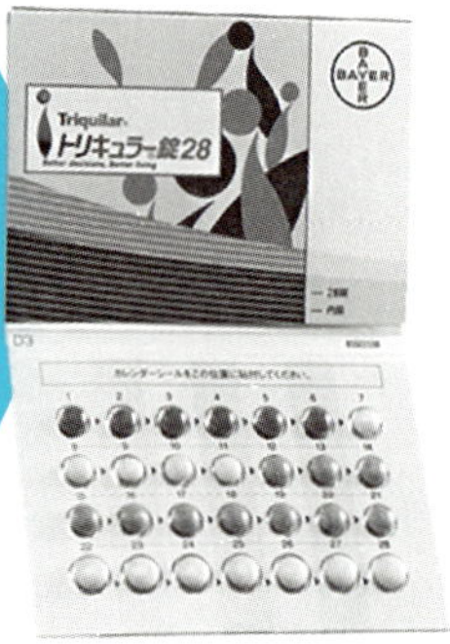

透過以下三個作用來達到避孕效果：
①停止排卵 ②不讓子宮內膜變厚 ③改變黏液特性以防止精子進入。由於這些效果，避孕藥成為一種女性可以主動使用且避孕成功率非常高的避孕方法，因此在全世界都被廣泛使用。避孕藥需要經由婦產科醫生開立處方才能取得。

▶ P28 「低劑量避孕藥」是解救痛苦生理期的救世主!?

避孕成功率

92-99%

價格

1個月約 3000日圓左右

哪裡買得到

婦產科 醫院診所

子宮內避孕器 (IUD／US)

在子宮內置入器具以達到避孕效果的方法。

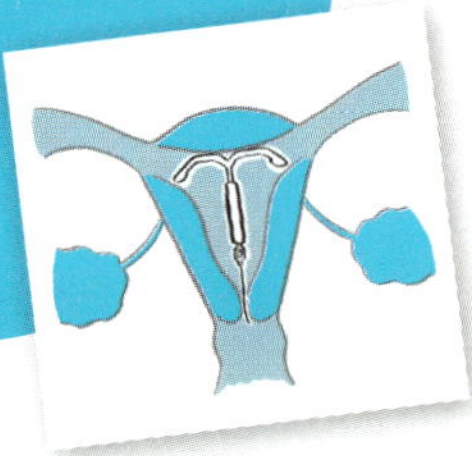

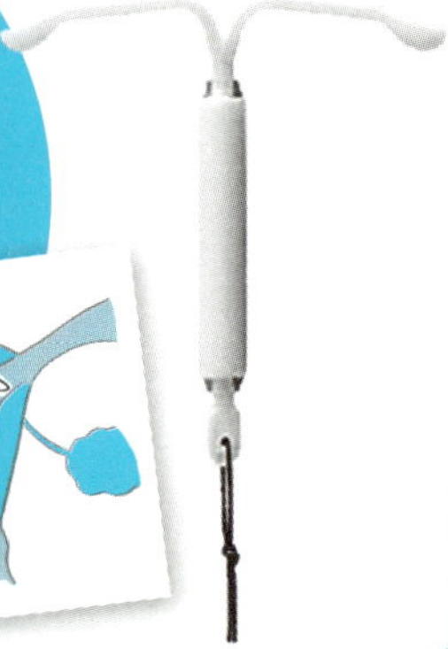

IUD是一種爲了避孕而置於子宮內的小型器具，而IUS則是在IUD中加入黃體素的避孕器。這兩種方式的避孕成功率都很高，一旦裝置後可以持續數年的避孕效果。這類避孕方式通常推薦給有過生產經驗並希望長期避孕的女性使用。

避孕成功率

99%

價格

3～7萬日圓左右

哪裡買得到

婦產科 醫院診所

Q

保險套可以放進錢包裡隨身攜帶嗎？

A

不可以放進錢包裡！

與硬幣或卡片類物品摩擦會導致破損或劣化。因此，建議將其放入原本的盒子或硬殼保護盒中攜帶。

TENGA 保險套 6P

有些商品原本就附有便於攜帶的保護盒，可以直接使用哦！

Q

他在做愛時說：

「我想要無套，可以不戴保險套嗎？我不會射在裡面」，該怎麼辦呢？

A

陰道外射精並不能作爲避孕的方法。如果不希望在這個時候懷孕，**務必要使用保險套或避孕藥等避孕方式**。保險套不僅能避孕，還能預防如淋病、衣原體感染、HIV等性傳染病。

19

必須練習！保險套的正確使用方法

直接提槍上陣絕對不行！為了預防萬一，讓我們先練習一下吧

保險套不僅是預防性傳染病的工具，也是避孕的有效方法。正確了解並使用保險套可以進一步提高其安全性。**無論性別爲何，了解正確的使用方法並在實際使用前進行練習**是非常重要的。我們建議大家在使用前先練習一下！

Movie

【保存版】正確佩戴方式講座【有備無患】

CHECK

保險套的使用方法

1 取得伴侶的同意，並挑選保險套

「性行為前一定要確認雙方的同意！」

確認彼此的同意後，再選擇適合的保險套。（保險套也會有使用期限，**請務必確認保險套的外包裝上標示的使用期限，以確保未過期**）

▶ 留意P89提到關於尺寸和材質的部分，第一次使用時一定要實際戴戴看確認一下喔。

2 穿戴保險套

做愛前一定要先獨自練習穿戴看看喔！

①※

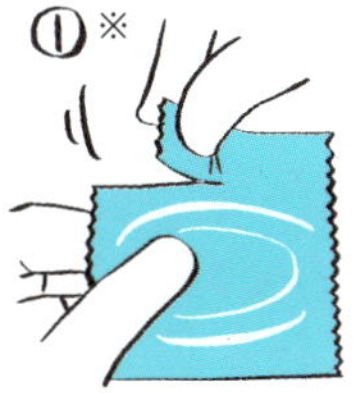

將內容物移至邊緣並打開，以免造成損傷

②

確認保險套正反面，輕捏儲精囊，把空氣排出去

③

將勃起的陰莖包皮往下拉至陰莖根部

④

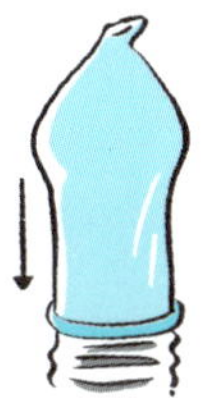

套上保險套並往下捲開到陰莖根部

⑤

將保險套和包皮一起向陰莖根部拉下

⑥

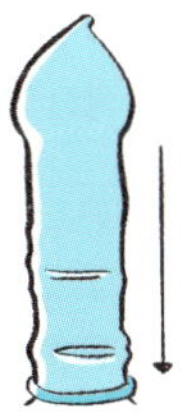

讓保險套覆蓋包皮，再次向下拉

在陰莖插入陰道前必須要穿戴保險套。快射精前才戴保險套是不行的！

※打開包裝時，要確保將袋子剪到最邊緣，以免剪破保險套。

3 脫掉保險套並丟棄

射精後，立即從陰道中拔出陰莖，然後取下保險套。

⑦

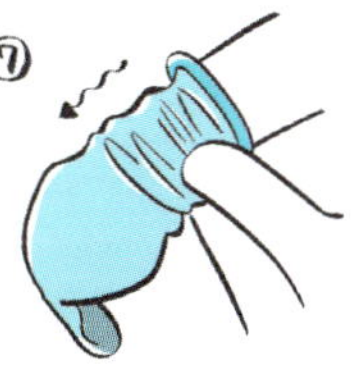

以手按住保險套底部一邊將保險套脫掉，要小心別讓精液漏出

⑧

將保險套打結後包在衛生紙裡丟棄

20

「避孕失敗了！」時的緊急避孕藥

限時七十二小時，迅速行動是關鍵

低劑量避孕藥和保險套是為即將進行的性行為所使用的避孕方法，而針對已經發生的性行為，有一種可以採取的避孕措施。這就是透過服用事後避孕藥所進行的緊急避孕方法。

Movie

【緊急避孕】
徹底解說事後避孕藥與取得方式

CHECK

▶ **事後避孕藥（Norlevo，中文名：后安定）**

避孕成功率：
24小時內：95%
25～48小時內：85%
49～72小時內：58%
價格：包括診察費約1～2萬日元
取得地點：婦產科、線上診療

事後避孕藥是針對避孕失敗或未避孕的性行為，通過在**七十二小時內**服用來達到避孕效果的藥物。

七十二小時內服用時間越早，避孕成功率越高，因此需要**盡快服用**。

若需要事後避孕藥，應前往婦產科或線上診療的醫療機構取得。避孕成功與否可藉由服用事後避孕藥後三週內是否有生殖器出血來確認。**性行爲後三週使用驗孕棒也更可以安心確認有無懷孕**。服用後生理週期可能會不規律，但通常會恢復正常，需記錄並觀察生理週期。

事後避孕藥僅作為避孕失敗時的緊急措施，其成功率並非百分之百，且價格昂貴，因此**不希望懷孕時，應從平時開始使用低劑量避孕藥等可靠的避孕方法**。

memo

若因性侵需緊急避孕，警察可能會負擔事後避孕藥的費用。遭遇性侵時，應盡快向當地的單一窗口中心（One-Stop Center）尋求幫助。單一窗口中心列表請參考第186頁。

CHECK

事後避孕藥使用方式

1 避孕失敗的時候

（保險套脫落等情形）

盡早就診！
!
?
?

▼

2 盡早前往婦產科取得處方藥

▼

3 七十二小時內服用，並觀察身體狀態

（后安定需服用一錠）

盡早服用！
（七十二小時內）

▼

4 確認是否避孕成功

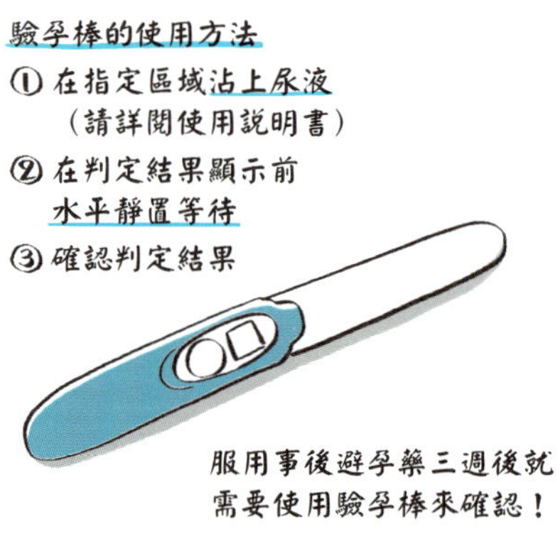
驗孕棒的使用方法
① 在指定區域沾上尿液
（請詳閱使用說明書）
② 在判定結果顯示前
水平靜置等待
③ 確認判定結果
服用事後避孕藥三週後就
需要使用驗孕棒來確認！

○服用事後避孕藥後三週內是否有出血

○三週後可透過驗孕棒（可於藥妝店購買）來確認是否避孕成功

※二〇二一年針對藥局販賣事後避孕藥的討論儘管已陸續進行中，但目前（二〇二〇年十月）仍尚未決定上市販售日期。

21 人工流產的選擇

人工流產也是一種守護女性健康生活的選項

如果因為身體原因或經濟狀況等原因無法繼續懷孕或生產，則可以選擇**人工流產手術**來中止懷孕。

Movie

所有人都應該知道的人工流產基本知識

• 優生保健法施行細則第15條：「人工流產應於妊娠二十四週內施行。但屬於醫療行為者，不在此限。妊娠十二週以內者，應於有施行人工流產醫師之醫院診所施行；逾十二週者，應於有施行人工流產醫師之醫院住院施行。」

2 譯註：日本收養制度（養子緣組）是當孩童的生父、生母因為經濟問題或涉及兒童虐待的情況下，無法繼續交由生父、生母撫養，才能將孩童經由收養制度交由養父母扶養。
一旦孩童和養父母成為「特別養子緣組」後，孩童在戶籍上相當於養父母的婚生子女，並且切斷在戶籍資料上和原生父母的關係。所以未經過孩童原生父母的同意，就沒辦法完成手續。

人工流產是爲了保護女性的健康和生活的重要選擇。

然而，這對身心都會帶來很大的影響。因此，在不希望懷孕的時期，應採取可靠的避孕措施。人工流產的可行時期是在懷孕二十二週以前，進行人工流產需要本人和伴侶的同意（未成年則需要監護人的同意）。

人工流產的方法依據不同的懷孕時期可以分為兩種類型。

Point

① 初期人工流產（懷孕未滿十二週）

使用擴張子宮口的方法，並通過搔刮法（用器具刮取）或吸引法（用吸引器吸出）來去除子宮內容物。通常手術時間約十至十五分鐘，疼痛和出血較少，若無其他問題，通常可以在當天返家休養。

② 中期人工流產（懷孕十二至二十二週）

使用人工催產藥物引起子宮收縮的方法。由於對身體的負擔較

有時因為經期不規律而未能及時發現懷孕，當發現時可能已經超過了可以進行人工流產的時期。為了避免這種情況，當不希望懷孕時應採取確實的避孕措施。如果有月經遲遲不來等懷孕的可能性，應立即進行檢測，並儘早採取行動。

1 譯註：台灣相關現行法律資訊提供──
- 刑法第288條：「懷胎婦女服藥或以他法人工流產者，處六月以下有期徒刑、拘役或三千元以下罰金。懷胎婦女聽從他人人工流產者，亦同。因疾病或其他防止生命上危險之必要，而犯前二項之罪者，免除其刑。」
- 優生保健法第9條第1項：「懷孕婦女經診斷或證明有下列情事之一，得依其自願，施行人工流產：一、本人或其配偶患有礙優生之遺傳性、傳染性疾病或精神疾病者。二、本人或其配偶之四親等以內之血親患有礙優生之遺傳性疾病者。三、有醫學上理由，足以認定懷孕或分娩有招致生命危險或危害身體或精神健康者。四、有醫學上理由，足以認定胎兒有畸型發育之虞者。五、因被強制性交、誘姦或與依法不得結婚者相姦而受孕者。六、因懷孕或生產，將影響其心理健康或家庭生活者。」

大，通常需要住院幾天。中期人工流產的情況下，需要向地方政府提交死產申報書[注1]。

人工流產手術通常不適用於健康保險。此外，中期人工流產不僅需要支付手術費用，還會產生入院費用，因此經濟負擔會更大。

若必須選擇流產，建議趁早做出決定，以減輕身心和經濟上的負擔。

意外懷孕而感到困擾……

如果在不希望懷孕的時期意外懷孕了，而人工流產的時期已過，且無法自己撫養孩子，這時可以向全日本的「懷孕SOS」窗口尋求諮詢。如果無法撫養孩子，可以考慮「特別養子緣組」[注2]，這是一種將孩子交由其他家庭撫養的方法。

如果遇到困難，請不要獨自承擔，應該尋求幫助和建議。

memo

「懷孕SOS」東京的聯絡電話是
03-4285-9870，
全年無休，接待時間為16:00～24:00
（服務時間至23:00）。

22

性傳染病不只是性開放的人才會有的問題

「預防」&「早期發現」才能守護自己和伴侶

透過性行為或類似行為傳播的傳染病被稱為「性傳染病」（有時也被稱為性病）。在這裡，我將解釋性傳染病的種類、為什麼應該避免感染，以及如何預防性傳染病。

Movie

什麼是性傳染病？如何預防？——所有人都應該了解的性病知識

Movie

我嘗試了可以在家進行的性病檢測！【性病檢測】

性傳染病是指通過性行為在人與人之間傳播的傳染病，包括陰道——陰莖性交、**口交**、**肛交**等方式。

常見的性傳染病有衣原體感染、淋病、梅毒、HIV（愛滋病）、生殖器皰疹、尖銳濕疣、B型肝炎、C型肝炎等多種感染症。

每種性病的傳播途徑、症狀和治療方式各有不同，這裡不做詳細介紹。但有一點需要記住的是，許多**性病即使已經感染，可能也不會出現明顯的主觀症狀**。

主觀症狀是指**自己能夠察覺到的身體或心理上的變化**。例如，如果你得了流感，出現高燒、寒顫、關節疼痛等症狀，這些就是主觀症狀。當感染性病時，有些人可能會發現分泌物的變化，或者在排尿時感到疼痛，這些都是主觀症狀。然而，也有些人完全沒有任何症狀。

Point

沒有主觀症狀的風險為何？

① 沒有意識到自己感染，導致治療延誤。
② 在不知不覺中傳染給他人。

如果延遲治療，例如在衣原體感染或淋病的情況下，可能會引發生殖器炎症，這在將來可能使懷孕變得困難；而ＨＩＶ則可能造成免疫系統下降，進而發展為愛滋病。此外，延遲治療還可能使你**在沒有意料下將性病擴散給伴侶或周圍的人**。

大多數性病已經有適當的檢測方法和治療方式，及早發現感染通常能夠治癒。然而，如果未能察覺感染並長期置之不理，可能會對身體造成不可逆的傷害。

如果你認為「性病只會感染那些夜夜笙歌的人」，那就是大錯特錯！任何有過性經驗的人都有可能感染性病。

因此，重要的是重視「預防感染」和「早期發現」。基本的預防方式包括以下三點：

① No SEX

字面意思是避免進行性行為。雖然這是最簡單的方法，但也是最確實的預防措施。

② Safe SEX

如果進行性行為，應使用保險套。雖然保險套無法百分之百防止感染，但它可以有效阻止黏膜直接接觸，從而降低性病傳染的風險。

③ Steady SEX

盡量與固定的伴侶維持性關係，從而降低感染的可能性。

為了能夠早期發現性病並迅速進行治療，**定期檢查**非常重要。

建議在更換伴侶或計畫未來擁有孩子時開始受孕之前進行檢查。性病的檢查可以在**保健所或醫院（婦產科、泌尿科）**進行。

Point

保健所

- ◆優點……多數情況下可以免費進行檢查，也允許匿名檢查。
- ◆缺點……檢查項目可能有限制。

如果結果為陽性，需要前往醫院接受診斷和治療。

Movie

性病檢查都在做什麼？【如果覺得自己得性病時該怎麼辦？】

Point

醫院

◆ 優點……檢查項目沒有限制。陽性結果的話，可以直接開始治療。

◆ 缺點……需要自費與保險證明或其他身分登記。

將各種檢查方式的優缺點進行比較，選擇最適合你的檢查方法。如果你對去保健所或醫院檢查感到不安，可以考慮使用居家檢測工具。

memo

可以通過「HIV檢查諮詢地圖」查詢可以進行檢查的保健所以及各保健所提供的檢查相關資訊→P187。

23

你知道每年有三千人死於「子宮頸癌」嗎？

關於守護你的疫苗與檢查

你知道「子宮頸癌」這種病嗎？每年大約有一萬人罹患此病，其中約有三千人因此死亡。

子宮頸癌主要影響二十多歲到四十多歲的年輕女性，它是由超過一百種人類乳突病毒（ＨＰＶ）中的十五種高風險病毒引起的。

HPV主要通過性行爲傳播。

據說HPV感染在經歷過性行為的女性中有百分之五十到百分之八十在一生中至少會感染一次。不過，大多數病毒會自然排出體外。只有極少數會引起細胞變化，其中一部分可能進一步發展成癌症。

使用保險套在一定程度上可以預防感染，但並非絕對有效。然而，**透過接種HPV疫苗可以預防百分之五十到百分之七十的感染。**

疫苗是為了預防未來可能發生的感染而接種的，已感染的狀態下接種是無法消除已存在的病毒。

Movie

HPV疫苗很可怕嗎？接種疫苗會比較好嗎？

子宮頸癌

每年約有10000人罹患，
約有3000人因此死亡

但是……

疫苗接種可預防 50～70％ 的感染！

因此，建議在初次發生性行爲之前就接種HPV疫苗。HPV疫苗對於小學六年級到高中一年級的女生，通常可以由公費負擔（即不需要自己支付費用）進行接種。

需要注意的是，如果超過這個時限，則需要自費約五萬日圓。

雖然有些人擔心疫苗的副作用，但HPV疫苗已獲得世界衛生組織（WHO）的接種推薦，並在許多先進國家被列爲公費接種的疫苗。

雖然有報告指出HPV疫苗接種後有出現運動功能障礙等「多種症狀」，但這與HPV疫苗之間是否存在因果關係尚無確鑿的證據，這些症狀被認為可能是功能性身體症狀。建議比較各種資訊，仔細考慮是否接種疫苗。

此外，即使接種了疫苗，如果感染了疫苗無法防範的HPV類型，仍然有可能發展為子宮頸癌。為了早期發現和治療子宮頸癌，**建議二十歲以上的女性定期接受子宮頸癌篩檢**。

子宮頸癌是一種可以透過疫苗和檢查預防的癌症。了解正確的資訊並採取行動，才能保護自己的健康。

24

那真的是愛嗎？約會暴力與伴侶關係

我們擁有身而為人應有的權力，受到尊重和重視對待

家庭暴力（DV）指的是發生在像是家庭這種親密關係中各種形式的暴力。如果這種暴力發生在戀人之間，則稱為約會暴力（デートDV）。

聽到暴力這個詞時，可能會覺得與自己無關，但**據說在十幾歲的情侶中，三對中就有一對會經歷這種情況**，這絕不是可以置身事外的問題。

在這裡，我們來探討以下問題：

「如何避免成為約會暴力的加害者？」

「哪些行為被稱為暴力？」

「如果受到暴力，應該怎麼做？」

何謂暴力？

一聽到「暴力」也許腦中會浮現「毆打」、「踹踢」的畫面，但是暴力並不只侷限於肢體行為上。接下來提及的四個行為皆可被視為暴力。

memo

在橫濱市與「Empowerment神奈川（エンパワメントかながわ）*」合作進行的「約會暴力意識與實態調查（二〇〇七年）」中，大約百分之三十五的有交往經驗的高中生和大學生表示，他們曾經遭遇過約會暴力的侵害。

* 譯註：Empowerment神奈川為一非營利機構。旨在提升所有兒童和成人的人權意識，實現一個沒有暴力的社會。

Point

①**肢體暴力**

毆打、踹踢、丟擲物品、拿持凶器示嚇等行為。

②**精神暴力**

大聲斥責、否定對方的人格、查閱對方的手機、限制對方的社交關係等行為。

③**經濟暴力**

讓對方負擔所有約會費用、借錢後不還、擅自使用對方的錢等行為。

④**性暴力**

未經同意進行性行為、不避孕、未經同意拍攝性裸露照片等行為。

這些暴力行為是不尊重人們擁有的「**安全生活權**」的行為，無論有什麼理由，都絕對不應該發生。**成爲戀人並不意味著對方成爲自己的財物**。每個人都有安全和受到尊重的權利，這一點在戀愛關係中也不會改變。

如何不成為施暴者？

如果你因為太過於在乎戀人而感到嫉妒或想要束縛對方，在試圖用暴力解決之前，可以先嘗試用言語將你內心的感受傳遞給對方。

例如，可以告訴對方**「你對他的重視」**、**「你感到寂寞」**、**「你擔心他對其他人的關心」**等。透過誠實地面對這些感受並進行溝通、用言語表達愛意，商討彼此舒適的聯絡或約會頻率，從而找到尊重彼此的解決方案。

遭遇暴力對待時該怎麼辦？

即使你感受到自己正在遭受約會暴力，可能也會很難意識到這是一種暴力行為，或認為「既然在交往中，就應該忍受這些」。

如果你覺得「這樣的情況可能不對？」的話，請一定要向諮詢窗口尋求幫助。暴力問題在很多情況下難以單獨解決。尋求專家建議可以幫助你找到對你來說最好的解決方法。

所謂的伴侶關係……

對等的伴侶關係是指雙方在關係中不會有任何一方因恐懼或不安而維持的關係，也是能夠在一起的時間中感受到安全與舒適的關係。

memo

如果你需要關於約會暴力（デートDV）的諮詢，
可以聯繫「約會暴力110（デートDV110番）」。
電話號碼：0120-51-4477（每週二18：00～21：00／每週六14：00～18：00，除新年假期不營業）。網站：https://ddv110.org/

如果有不滿的地方，雙方可以交換意見並進行討論。

彼此不做對方不喜歡的事情，並且信任對方也不會做自己不喜歡的事。

這種建立在信任基礎上的關係，才是真正的伴侶關係。

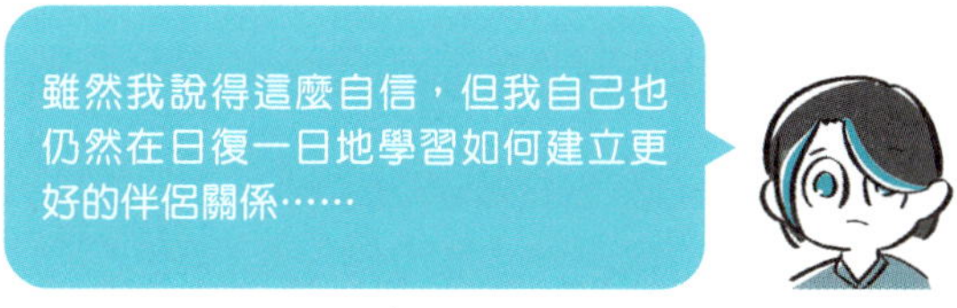
雖然我說得這麼自信，但我自己也仍然在日復一日地學習如何建立更好的伴侶關係……

想把這本書獻給那些孩子們

當我決定要寫一本書時，我腦海中浮現了那些「我希望寫一本送給那些孩子們的書」。她們是我在去年之前曾在精神科兒童青少年病房中遇到的女孩們。

青春期病房是一個接納各種背景孩子的地方。有些孩子因為與父母關係不和而家庭生活困難；有些因為霸凌而無法上學；還有些因為對自己外貌的自卑而有了厭食症，或是那些處於劇烈的生活困境，通過自殘行為煎熬生活的孩子們。

在與病房裡的孩子們每天交流中，我深刻體會到這個社會對孩子們來說是多麼困難和殘酷。我希望這些孩子能夠健康地安心生活，能夠以自己的意願選擇自己的人生。帶著這樣的願望，我決定寫這本書，希望這本書能成為她們的護身符。

3

「活出自我」是什麼意思？

各種幫助你在這個社會
生存下去的小提示

25

「做自己」到底是什麼意思？

先從了解擅長和不擅長的事情開始

進入青春期後，逐漸在與周圍人比較的過程中，你可能會開始意識到自己的「自我特質」。

自己在理科方面比其他人更擅長。

自己在公共場合講話時感到不自在。

自己比其他人更能持之以恆地做事。

自己對談戀愛這件事比其他人還要興趣缺缺。

也許你會覺得自己在某些方面比別人更優秀，但在某些方面感到自己有所不足，甚至可能會對自己不如別人而產生自我厭惡的情緒。

然而，沒有人是全能的。

重要的是了解自己擅長和不擅長的事情。當你能夠在自己擅長的領域中提供人們支持時，就要發揮這些優勢；而在需要支持的時候，也應當能夠尋求協助。

每個人都有自己的擅長和不擅長的事情。

重要的是透過互相支持，彌補彼此的不足。接下來，請透過以下的工作表來思考自己的擅長和不擅長的領域。

我在中學時期非常害羞，不擅長在人前開朗地講話，但我對學習很有自信，能把課堂筆記整理得很整齊，所以在考試前，朋友們會來拜託我！

了解自己的優、劣勢

可以很有條理地整理筆記	擅長／不擅長
閱讀	擅長／不擅長
學習	擅長／不擅長
運動	擅長／不擅長
與一群朋友們相處玩樂	擅長／不擅長
可以對一件事情持之以恆	擅長／不擅長
能在群眾面前講話或主持的能力	擅長／不擅長
發想新主意	擅長／不擅長
能夠正確執行被指派的任務	擅長／不擅長
整理和整頓身邊的事物	擅長／不擅長
準時行動	擅長／不擅長
能與第一次見面的人交談	擅長／不擅長

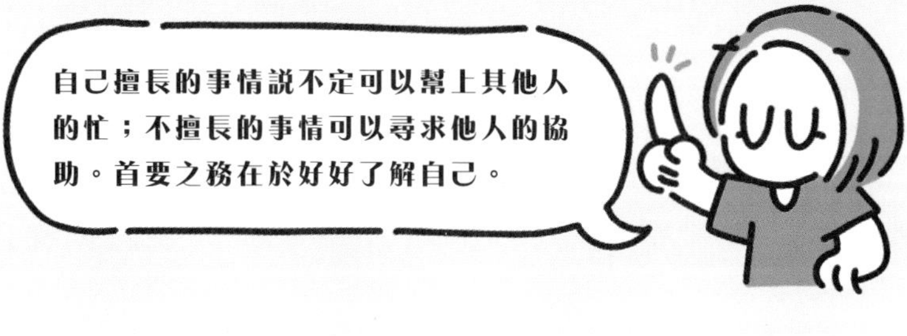
自己擅長的事情說不定可以幫上其他人的忙；不擅長的事情可以尋求他人的協助。首要之務在於好好了解自己。

26 珍惜你覺得「大人真討厭!!」的感受

青春期是心靈迅速成長的時期

青春期中出現的身體發育被稱為第二性徵，我們在第一章已經談過這個話題。然而，在這個階段，不僅僅只有身體會發生變化。

青春期作爲介於兒童與成人之間的過渡階段，心靈也會經歷巨大的變化。

例如，會無緣無故地感到煩躁；因為一點小事就非常沮喪；不想聽大人的話，或開始在意朋友等周圍人們的眼光，甚至對某個人產生特別的好感。

這些連自己都無法控制的情緒變化，也是青春期的重要特徵之一。

不想聽大人的話，可能是因為想自己做決定，而在意周圍的眼光，可能是因為想找到自己與他人不同的優勢。

有時候，這種無法控制的不安定情緒可能會讓自己感到困惑，甚至討厭這樣的自己。但如果能把這當作一個**重要的成長過程**來看待那就好了。

我自己在青春期時，情緒也非常不穩定。有時因為家人無意中的一句話就感到非常沮喪，但又因為朋友一點小小的關心就立刻變得開朗起

叛逆期是從依賴大人保護的自己，轉變為能夠自己開創人生的重要心理成長階段。

來。對於自己無法控制的情緒波動，我也時常感到驚訝。

在那段時期，我認為重要的是知道如何自己調節情緒。

例如，當我心情低落時，我會去獨自去KTV放聲歌唱，吃自己喜歡的食物，或是看搞笑影片。

如果有精力見人，我會找信任的朋友見面，讓他們聽我傾訴；如果不想見任何人，我就會待在房間裡，盡量給自己時間好好休息。

若能掌握幾個能恢復活力的方法，在眞正陷入低潮時便能更快恢復活力。

我認為這些「自己修復法」最好是在平時有精力的時候就提前想好，思考什麼能讓自己開心起來。

因爲當你眞的感到疲憊不堪時，可能會很難想到這些方法。遇到困難時，不要一個人硬撐，尋求身邊人的幫助，逐步克服挑戰就已經非常棒了。

如果實在覺得難受，請一定要向朋友或你信任的成年人尋求幫助。

舒服……
nemumi

27 什麼是「獨立自主」？

磨練願意尋求幫助的生活技能

思春期是從孩童向成人過渡的階段，在這個階段中，身心會發生巨大的變化，並逐漸邁向「獨立自主」的過程。

那麼，**究竟什麼是自立呢**？讓我們一起來思考這個問題吧。

Movie

【Shiorinu 的初衷】我談論性話題的理由。

「獨立自主」這個詞讓你聯想到什麼呢？

是自己賺錢、年滿十八歲、結婚，還是成為父母？可能會有各種不同的看法。

我認為「獨立自主」是指「能夠主動尋求必要的幫助」。

小時候，大多數人都是在大人的照顧下長大，生活也相對依賴他人。當時接觸的大人多半是監護人或老師等有限的人群，因此自己主動尋求幫助的機會可能並不多。

當逐漸長大成人後，那些不需說出口就會照顧你的人不再存在，你就需要自己思考應該主動尋求幫助的對象。

例如，

如果是關於考試的事情，可以找老師商量。

如果是生病的問題，可以尋求醫師或護理師的幫助。

關於社團活動，則可以向前輩或夥伴請教。

心裡的問題，可以找輔導員商量。

性相關的問題，可以詢問保健老師或助產士。

這些都是根據自己的困難來選擇適合的專家，並主動求助的例子。

當然，沒有人可以完全不依靠他人而生活，**因此向他人尋求支持絕不是一件壞事**。

所謂的獨立自主，並不是指「必須一個人做所有的事情」，而是指「**擴大自己的支持圈，並在需要時主動尋求幫助**」。

這種能夠主動尋求幫助的能力被稱為「**尋求援助的能力**」。

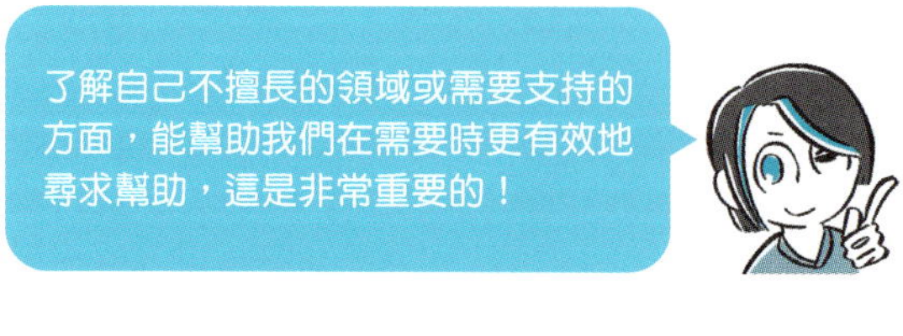
了解自己不擅長的領域或需要支持的方面，能幫助我們在需要時更有效地尋求幫助，這是非常重要的！

28

自我性表達＝性別特質

每個人都不一樣是理所當然的，與眾不同並不「奇怪」

「性別特質」指的就是人的性別狀態。

性別特質包括了出生時被指定的性別、自我認同的性別、戀愛感情的有無及其傾向、性慾的有無及其傾向，以及穿著風格、言語使用等多種元素。

Movie

何謂性別特質？必須顧慮到性的多樣性

讓我們來思考一下，什麼樣的性別特質才是最符合你自己的。在此之前不妨試著填寫接下來的表單吧。

例如，我在出生時被指定的性別是女性，我自己也認同自己是女性。表現出來的性別應該也是女性，不過我比較喜歡穿褲裝和單色系的衣服，偏好不那麼女性化的風格。化妝在特別日子裡是件有趣的事，但平時如果可以的話，我更傾向不要化妝。

至於戀愛感情和性慾，目前為止我只對男性有過這種感覺，但未來會如何，誰也說不準。

這大概就是屬於我的「性別特質」吧。

了解自己的性別特質

☐ **出生時的指定性別為何？**
（男性、女性）

☐ **自我的性別認同為何？**
（男性←---→女性、不知道、無特定認同）

☐ **表現出來或想要呈現的性別為何？**
（男性←---→女性、不知道、無特定認同）

☐ **想要談戀愛的對象性別為何？**
（男性←---→女性、不知道、無特定認同）

☐ **可以引發你性慾的性別為何？**
（男性←---→女性、不知道、無特定認同）

其他

☐ 可以讓你跟他談戀愛或做愛的人具備什麼樣的魅力呢？

☐ 喜歡的顏色爲何？

☐ 喜歡穿什麼樣的服裝？

☐ 平時會化妝嗎？喜歡什麼樣的妝容？

☐ 喜歡的嗜好或興趣爲何？

以上僅為範例，事實上性別特質需要考量多種不同的因素。

正如上面的表單所示，幾乎沒有一個人的性別特質會完全相同。

性別特質會因人而異，沒有優劣之分。

而無論擁有何種性別特質的人，都應該受到同等的尊重。

儘管如此，在社會中，如果選擇不符合所謂「男性化」或「女性化」標準的行為或服裝，往往會遭到嘲諷或被取笑。此外，擁有同性伴侶的人在制度上也面臨無法結婚的不平等問題。

性別特質與眾不同並不是「奇怪」的事。

讓我們一起努力實現一個尊重每一種性別特質的世界。

Movie

彩虹大遊行！【TRP2019】

專欄
2

關於性別特質的多樣性

你聽過「SOGI」這個詞嗎？SOGI是「Sexual Orientation（性取向）」和「Gender Identity（性別認同）」這兩個英語詞彙的首字母縮寫。這個詞用來表達**每個人所擁有的多種性取向和性別認同。**

與SOGI相關的歧視、霸凌和騷擾稱為「**SOGI暴力**」，也就是「SOGI Harassment」的意思。

此外，性別認同中還有一些不以自我性別為界限的分類，例如「X-GENDER」和不對他人有性慾或戀愛感情的「無性者」等。

你可以調查一下是否有與自己感受相近的分類。

另一方面，那些尊重性別多樣性並展示支持姿態的人，被稱為**「Ally」（同盟者，支持性少數族群者）**。

29

「談過戀愛才能算長大」這種話別當真

戀愛的感覺是美好的，但不應該被強迫

進入青春期後，有時會對特定的人逐漸產生特別的好感，或者希望與那個人更親近，這就是所謂的戀愛感情。

有些人會感受到這種情感，而有些人則不會；即使是在擁有戀愛感情的人當中，其強度也因人而異。

此外，戀愛感情的對象性別也各不相同，有些人對異性產生感情，有些人則對同性產生感情，也有些人對異性和同性都有感情。

不論擁有哪種感情，或者沒有這種感情，這其中都沒有好壞優劣之分。

只要這些感情或基於這些感情所出現的行為沒有損害他人的權利，沒有人可以評斷哪種戀愛是「正常」的，哪種是「奇怪」的，也無法比較哪種戀愛更美好，哪種戀愛不合適。

對某個人產生特別的好感，想與他建立更親密的關係，這種感情是非常美好的。從這些經歷中，你也會學到很多，並且收穫滿滿。

當你喜歡上某個人時，請務必建立一個彼此關愛、互相體諒的關係。

戀愛確實是美好的，但有時會遇到這樣的情況，即「**沒有戀愛經驗會影響一個人的價值**」。

有些人可能會認為沒有戀人或沒有喜歡的人是不正常的，甚至暗示這樣的人在某種程度上是貶值的存在。

然而，我必須要告訴你一件重要的事情。

Point

戀愛經驗的有無並不會減損一個人的魅力。而且，沒有戀人並不代表那個人的魅力不足。

戀愛感情和戀愛經驗確實是美好的，但請記住，它們只是人們所擁有的眾多層面中的一小部分而已。

30

想做色色的事了！有這種感覺時該怎麼辦？

擁有性慾並不是一件壞事，重要的是如何處理和表達這些要求

進入青春期後，會因為荷爾蒙平衡的變化，可能會感受到性慾的增加。

（有些人可能不會感受到性慾，但無論哪種情況都是正常的。）

撫摸自己的頻率增加，或者透過觀看色情漫畫或雜誌而感受到高漲的性慾，這些都很正常。

這些情況並非壞事。關鍵在於**學會如何控制性慾**。

有時候，我會收到這樣的諮詢：「**我想和伴侶進行性交流，應該如何讓對方也有這種心情？**」

在這裡，有兩個重點需要注意。

Point

① 確認你的伴侶是否也希望建立相同的性關係。

② 應該和誰進行性交流？

即使是戀人之間，是否建立性關係也會因人而異。這不是戀人的義務或權利，而是**必須在雙方同意的基礎上實現**。

沒有任何方法可以強迫不願意的人發生性關係。

如果你有意與伴侶進行性交流，應該直接向對方表達你的感受，並好好談談以確認彼此的意願。此外，控制性慾的方法不僅僅是與他人進行性接觸。透過撫摸自己，即自慰，也可以控制性慾。

擁有性慾完全不是壞事。

當你意識到自己的慾望時，試著去面對和找到控制它們的方式。

31

不再介意「男子氣概」或「女性氣質」

做自己就好

你知道「社會性別」（Gender）這個詞嗎？

社會性別相對於另一個生理性別（Sex）指的是由社會或文化所構建的性別差異。

性別刻板印象，尤其是**「男子氣概」**和**「女性氣質」**這樣的表現，常常可見於各種場合中。

「男子氣概」通常被用來形容「即使遇到悲傷的事情也不掉淚」、「果斷決定」、「力氣大」等特質，這些狀況往往表現出**身體或精神上的強大**。

而「女性氣質」則常被用來形容「擅長烹飪」、「能細心關照他人」、「害怕昆蟲或鬼怪」等，這些表現通常強調**照顧他人的能力，同時也暗示了脆弱、需要被保護的形象**。

「女性魅力」這個詞彙也會很自然地出現在日常對話中。

時常親自下廚、房間整潔、愛美注意美容等行為，通常被認為是「女性魅力」提升的特徵。在這樣的社會風潮中，我自己過去也曾因為不太喜歡下廚、常穿著皺巴巴的T恤當居家服，而自嘲說「我沒有什麼

Movie

和開始嘗試男性化妝的朋友一起，討論了關於男性氣概和女性氣質的話題。

女性魅力……」。

不少人也因爲被強加「男子氣概」的框架而感到痛苦。即便喜歡可愛的東西，也無法坦率地表達喜好。不參與包含暴力行為的娛樂消遣，就可能會被排擠。即使遇到困難，也無法說出自己的脆弱。如果做了這些事情，就會被譏笑為「**娘砲**」。這種現象讓許多人的生活被壓抑著。

在這個擁有多樣性別認同與性取向的社會中，比起「男子氣概」或「女性氣質」，更重要的是每個人獨特的「**自我**」。

不論性別，人人都可以選擇不同的生活方式與工作。在這個時代，所追求的並不是成為符合傳統性別觀的人，而是**找到一個自己能夠認同的生活方式**。

喜歡的時尚、喜歡的妝容、喜歡的藝術家、喜歡的電影、喜歡的角色、喜歡的工作、喜歡的生活方式，**這些都不應該由性別來決定**。

當我們能夠超越「性別」這個框架，用更廣闊的視野看待自己與他人時，也許心情會變得輕鬆一些。

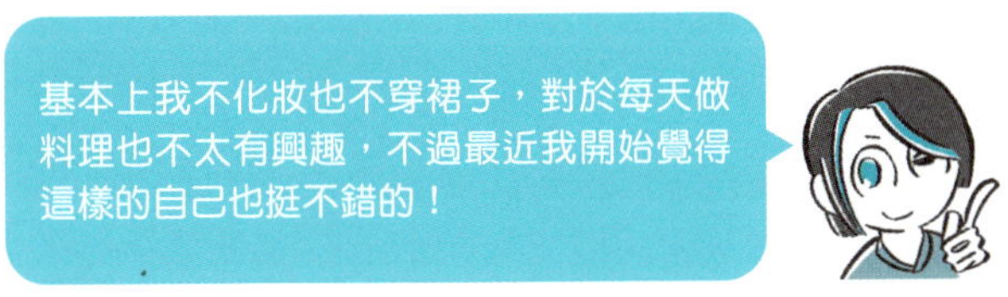
基本上我不化妝也不穿裙子，對於每天做料理也不太有興趣，不過最近我開始覺得這樣的自己也挺不錯的！

32

不要再為了「因為是女性」或「因為是男性」而互相傷害

任何一種性別的人都會有社會性別差異上的困擾

關於「男子氣概」或「女性氣質」等性別刻板印象的部分，我們再深入思考一下。例如，在工作方式上。

曾經在日本，「男子氣概」的職涯發展被認為是得終其一生在同一家公司工作，並擔任家庭的經濟支柱，養活全家。而「女性氣質」的職涯則是結婚、懷孕或產後辭職，專注於在家相夫教子。即便育兒有了些許空閒，也只會做一些零工，但基本上仍然是家務和育兒的主要承擔者。

然而，現代社會中，不論性別，都可以挑戰各種工作，許多人也把終生工作作為自己的生涯規劃。甚至在現在要單靠一個人的收入來養活家庭已經變得困難，很多家庭選擇夫妻共同工作來維持家庭運作，**家庭結構變得非常多樣化**。

儘管如此，在仍然存在的傳統性別觀中，許多人依然受到其影響。

例如，你聽說過二〇一八年曝光的「**醫學系性別歧視入學考事件**」嗎？

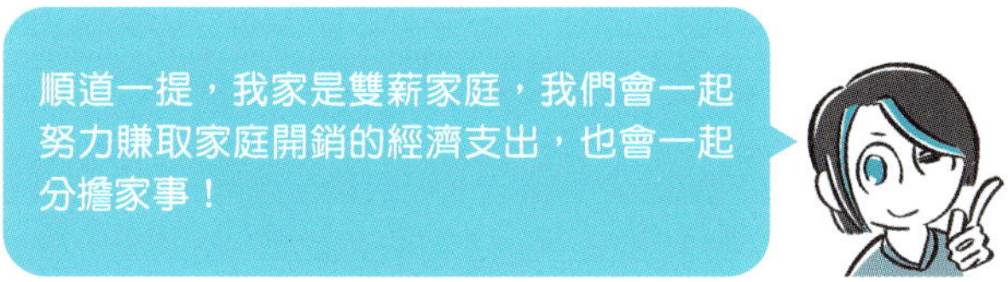
順道一提，我家是雙薪家庭，我們會一起努力賺取家庭開銷的經濟支出，也會一起分擔家事！

以下這些觀念都是一種性別歧視，例如**「女性最終都會因爲懷孕和生育而辭職，因此應該多保留一些名額給男性」**或**「醫師的工作很辛苦，因此體力好的男性更適合做」**等。

然而，導致上述兩種狀況的根本問題在於男性積極參與育兒的制度（如男性育兒假）尚未普及，以及長時間過勞工作的職場結構，即使對男性來說也難以消受，而非因女性不適合醫師這一職業。

memo

醫學系性別歧視入學考事件：該事件指的是多所醫學院校對某些特定條件的學生（如女性或重考生）在入學考試中不正當地減分。當問題被揭露時，發現其中四所學校僅因為考生是女性，就在考試結果中不正當地扣分。

這種因性別歧視而剝奪了許多生爲女性的人能夠選擇的機會。性別歧視不僅使女性受苦，也對男性的生活造成了重大影響。

例如，根據二〇一七年厚生勞動省的調查，男性的憂鬱症患者人數為四十九點五萬人，而女性為七十八點一萬人，女性患者數明顯較多。然而，**同年自殺人數的數據顯示，約七成的自殺案例爲男性。**

從這些數據中可以推測，男性即使出現精神上的問題，卻可能難以尋求醫療幫助或向周圍人求助，這很有可能是因為他們被迫面對這個社會對男性的期望：強壯、堅韌、不輕易表現出脆弱、得努力養家糊口。

我們有權利不論性別，都能平等地挑戰自己想做的事情。

我們有權利不論性別，都能在艱難時刻獲得支持，維護心靈和身體的健康。

現在，剝奪我們這些權利的正是那種「男性必須比女性更優越」的性別歧視。

我強烈希望能夠消除這些歧視，為所有人創造一個可以安心生活的社會。

「男性應該優於女性」這種想法必須被拋棄，無論是什麼性別，所有人都應該有平等的選擇權，以此為基礎的思考方式則被稱為「女性主義」（ feminism ）。

33

為什麼會覺得「討厭自己的身體」？

對你的身體最重要的是你自己的舒適感

「身體意象（body image）」是指自己對於自身身體的認識與印象。也就是說，如何看待當下自己的身體，以及如何評價它，這些元素統合起來便構成了這個詞的含義。

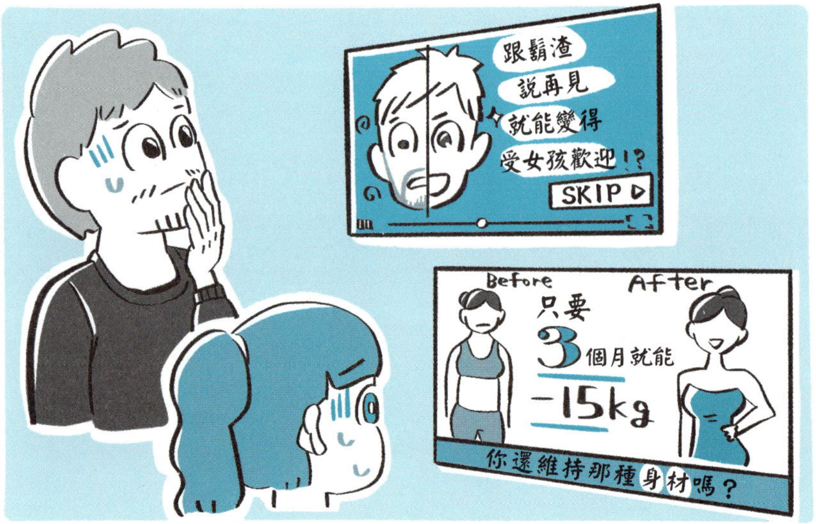

當我們身處在社會上生活時，會接觸到許多影響我們身體意象的資訊。像是……

胖是醜陋的。

能努力減肥的人很棒。

沒有肌肉的人缺乏魅力。

體毛的有無決定了女性的吸引力。

頭髮稀疏會影響男性的魅力等等。

這些例子不勝枚舉，而我們往往不得不去顧慮到自己的外貌在眾人眼中的評價。

然而，**對你自己而言，最重要的是**

你是否能以自己感到舒適的方式生活。

試著思考一下，有時會在電視或雜誌上看到的「美容體重」這個概念。

當我們在網路上搜尋所謂美容體重的計算方法時，會發現有許多公式。其中一個常見的公式是「身高（公分）減去一百二十等於美容體重（公斤）」。

以身高一百六十公分的人為例，計算出的美容體重是四十公斤。將此轉換為厚生勞動省用來衡量健康管理的BMI指數，結果為十五點六。

考慮到BMI的標準範圍是十八點五至二十五（適當體重的指數是二十二，十八點五以下屬於過瘦），**這樣的體重顯然不是健康的狀態**。

然而，在社會中，許多人仍然以雜誌或社群媒體上看到的纖瘦模特兒為榜樣，認為這就是所謂的美，並為了達到美容體重而拼命減肥。

我再次強調，**對你身體最重要的是，你是否能以自己感到舒適的狀態生活**。

如何接受你的身體、以及是否對身體做出任何改變（或者完全不需要改變）這些決定的權利都在你手中。

希望你能珍視那個讓自己感到最舒適的身體，並好好生活。

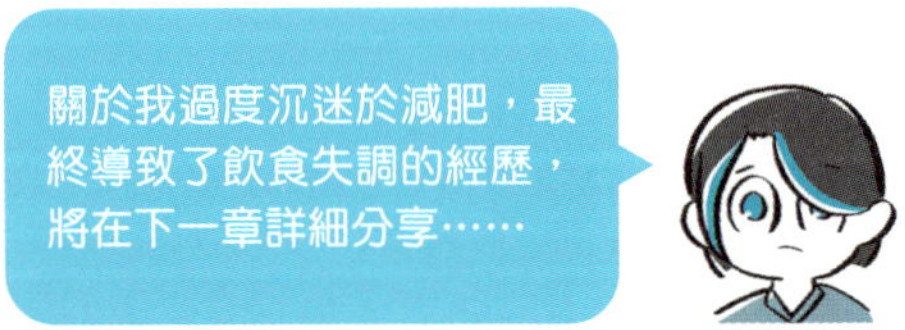
關於我過度沉迷於減肥，最終導致了飲食失調的經歷，將在下一章詳細分享……

34

外表決定人生，關於外貌至上主義

終結以貌取人的社會

日本是一個深受外貌至上主義（lookism）影響的國家。外貌至上主義是指根據外表來評價和歧視他人的觀念。例如，「胖人比瘦人差」或「雙眼皮的人比單眼皮的人更有價值」，這類的看法。

首先，天生的面部結構、體型、體質和膚色並不是我們能夠選擇的。有些人生來就是雙眼皮，有些人眼睛較小。同樣攝取相同量的食物，有些人完全不會發胖，而有些人體質容易堆積脂肪。

根據這些先天的特徵來評價他人，是對他人活出自我的人權侵害。

此外，在日本，許多人受到**「飲食失調症」**的困擾。

飲食失調症是一種涉及異常飲食行為的疾病，如厭食症或暴食症，這

二〇一四年至二〇一五年，根據厚生勞動省研究班的調查，每年因飲食失調症就診的患者數約為二萬五千人。

些異常行為會導致身體或精神方面出現問題，而影響日常生活。

導致飲食失調症的原因以及發病後的過程因人而異，但值得注意的是，節食常常是導火線。

事實上，我自己也曾經患有飲食失調症。

起因是大學時期交往的戀人對我說了一句「希望你再瘦一點」。

我開始進行常見的節食和運動來減肥，並且沉迷於體重明顯減輕的感覺。每天的卡路里攝取量限制在五百大卡以下。即使只吃這麼少，我甚至在做完六小時的站立工作後，仍然步行五站回家，這顯然已經是**過度運動**。

長期以來過著這樣的生活，不知道是因為壓力還是身體異常，我開始感受到無法控制的強烈食慾，並因此開始**暴食和嘔吐**。

Movie

【體重公開!?】
從飲食失調症的過去中學到關於減肥和健康的事情

我想吃但又害怕吃，討厭自己那種意志薄弱而無法控制飲食的狀態，甚至覺得邀我吃飯的朋友很煩人。

幾年後，我終於意識到無法一輩子這樣下去，決心恢復健康的飲食習慣。然而，擺脫內心的恐懼和已經習慣的嘔吐行為花了很長時間。

被外貌評價的風潮所折磨的不僅是對自己體型缺乏自信的人。

對身高感到自卑的人、對自己臉部特徵不滿意的人、討厭自己聲音的人。這些自卑感背後，往往存在第三方的評價。

當我們看到某人的外貌時，心中可能會產生「很漂亮」或「不是我的菜」等感受，這些都是自由的。

然而，請記住，**把對他人外貌的評價轉化爲言語並傳達出來，可能會對那個人的一生產生深遠的影響。**

當我們放下對外貌的評價，用心去讚美他人時，會發現這其實需要相當的語彙能力。然而，這種細心的積累，能夠培養出更加豐富的人際關係。

即使是出於讚美的意圖，對方也可能因此而產生終身的自卑感，或是重新激起過去既有的自卑情緒。

「在不加思索地隨口說出「瘦了？」「胖了？」之前先想想」

常見的狀況ver.

為人著想ver.

「容貌焦慮的自卑感」

常見的狀況ver.

美麗的標準因人而異。
自己喜歡最重要
模特兒XXX子
如果自己不覺得需要，應該不用勉強自己去除毛吧
化妝時令人苦惱的痘痘完全遮瑕！
男性化妝品
原以為化妝是女性的專利，沒想到現在連男生都開始注重這部分了
仙蒂瑞拉內衣
超可愛泳裝
新發售!!
詳細請按入
原來還有這麼可愛的泳裝！
模特兒好美！
外表沒有「非怎麼樣才美」的標準，只要是自己喜歡的樣子就好。

為人著想ver.

光滑肌膚才能抓住他的心
等發獎金之後就得去醫美除毛了吧……
因為滿臉痘疤，我被喜歡的人甩了!!
就算是這樣也沒用吧，只能放棄了
貧乳可能會讓男友出軌?!
這樣的自己……
像我這種貧乳的女生應該沒什麼女人味吧……
再這樣下去不行……要變美的地方實在太多了……

35

安全使用社群媒體！網路時代的生存技巧

超便利但也暗藏危機的社群媒體

大家有在使用社群媒體嗎？我自己是非常頻繁的使用者。不管是 Twitter、LINE 還是 Facebook，甚至 YouTube 都算是社群媒體喔。

在現今，無論是與朋友交流、查詢資料，還是享受興趣愛好，社群媒體都已成為不可或缺的存在。

無須質疑的是，其極為便利且能豐富我們的生活，但我們也得知道，**如果使用不當，這些工具可能會將你或你重視的人置於危險之中**。

Point

- 發送給交往對象的性暴露照片在社交媒體上被擴散。
- 公開的照片透露自己就讀的學校或居住地區位置。
- 與在社群媒體上認識的人見面後遭受性侵害。

諸如此類的事件其實並不少見。

在此我想分享一些在使用社群媒體時應注意的事項，以保護自己的安全和健康。

為了寫這篇文章，我試著數了一下自己手機裡有多少社群媒體APP，結果發現竟然有十四個！真是讓我驚訝！

↓暴露自己的住所

個人資訊的公開範圍要慎重設定

在社群媒體上記載姓名、照片、所屬學校、社團、打工地點等個人資訊時，請注意公開範圍。

如果在任何人都能看到的帳號上公開個人資訊，可能會因此捲入事件並遭遇危險。

在穿著制服拍攝影片的情況下，甚至可能會因此暴露住的地區。因此，處理與自己有關的資訊時，一定要謹慎判斷。

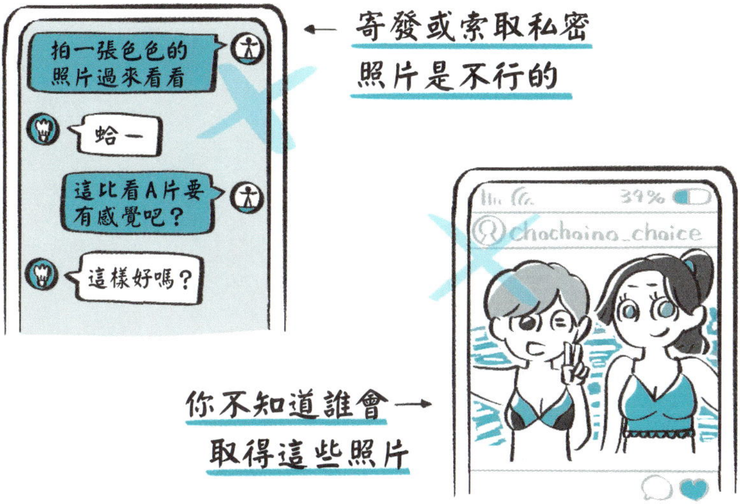
寄發或索取私密照片是不行的
拍一張色色的照片過來看看
蛤—
這比看A片要有感覺吧？
這樣好嗎？
39%
chochaino_choice
你不知道誰會取得這些照片

圖片一旦上傳，就無法挽回

上傳到社群媒體的圖片，任何人都可以輕鬆地通過截圖等方式保存。即使之後刪除了原圖，也都已經被他人保存。所以，對於那些具有隱私性質或公開後會引起困擾的照片，例如色情圖片等，應該避免公開。

此外，也不要要求伴侶或朋友發送這類私密照片。不要請求他人發送可能會讓他們感到困擾的圖片。

因社群媒體
而認識見面時……
①姓名
②有露臉的照片
③工作地點？

和社交媒體上認識的人見面時

我也認爲完全禁止與社交媒體上認識的人見面是很困難的，因爲現在的時代對此已是習以爲常。

我自己也經常通過社交媒體獲得工作機會，與其他 YouTuber 合作時，經常會通過 Twitter 的私信來聯繫並約定見面。因此，面對這樣的現實，我們需要更加謹慎地保護自己的安全。

在這個時代，完全避免與社群媒體上認識的人見面確實很困難。**我們需要培養的是在社群媒體上辨別對方是否值得信任的能力**。

例如，當真正要見面時，可以考慮以下幾點：

Point

①能夠提供姓名
②能夠確認臉部的照片
③能夠明確告知所屬的學校或公司等機構

以上幾點來作為考慮見面的依據。

見面時的地點和時間也應選擇在第三方可以看到的場所，如咖啡店或家庭餐廳，並且盡量安排在白天。**如果可能的話，可以與多人一起見面**，這樣能夠更安全地進行。

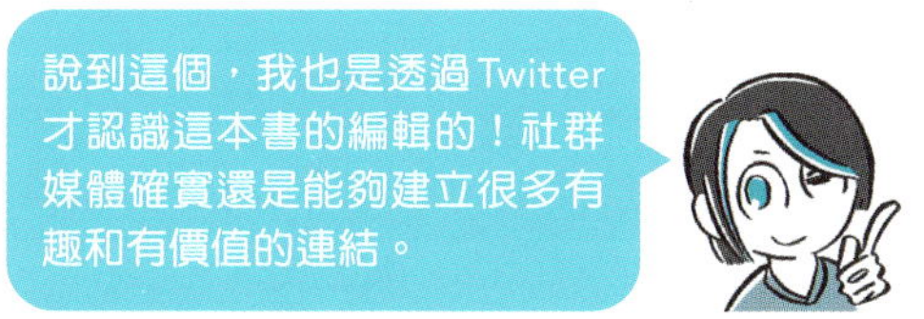
說到這個，我也是透過Twitter才認識這本書的編輯的！社群媒體確實還是能夠建立很多有趣和有價值的連結。

然而，即使我們在使用社群媒體時非常小心，也有可能會遇到一些意外的麻煩。

如果不幸遇到問題，責任肯定在於加害者。

如果你的個人資訊被社交媒體上的關注者曝光，或者擴散了你不希望被公開的圖片；或是在與社群媒體上認識的人見面後遭遇麻煩，請盡快尋求幫助。無論是向家長、學校老師，還是線上的諮詢服務尋求支持。

及早諮詢可以幫助你在問題擴大之前採取措施，或者減少圖片擴散的影響。

記住，遇到困難時，越早尋求幫助越好。

memo

關於社群媒體問題的諮詢窗口，
可以參見第187、190頁。

36

把A片當作教材是不行的！

你如何看待成人內容？

使用網路時，不管你是否有意尋找，你都可能會遇到含有性相關的內容。

成人內容在十八歲以上時可以購買或瀏覽，因此未來有可能會接觸到這些內容。

成人內容包括了影片、漫畫等多種形式，但它們的共同點在於**都是爲了娛樂消費者而創作的產品**。

這些作品的目的是滿足觀眾的性需求，其中不乏可能會造成他人傷害的表現。因此，模仿這些內容可能會有風險。

此外，出演者是否真正願意並享受這些行為也很難判斷。

因此，了解「**什麼是眞實，什麼是虛假**」是非常重要的。例如，它和現實有什麼不同？

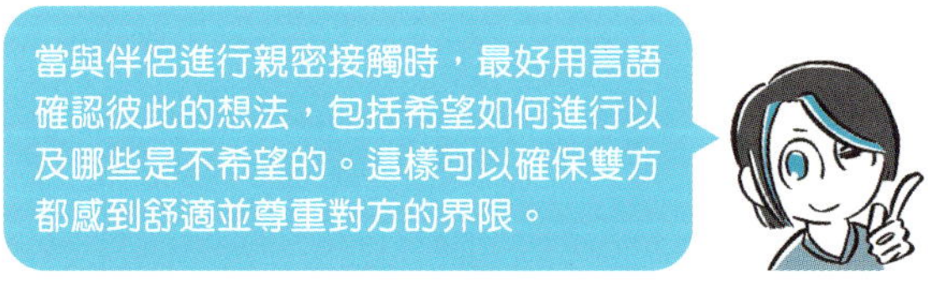
當與伴侶進行親密接觸時，最好用言語確認彼此的想法，包括希望如何進行以及哪些是不希望的。這樣可以確保雙方都感到舒適並尊重對方的界限。

SHIORINU 諮詢室 3

Q

體外射精（外射）就不會懷孕？

A

成人內容中，「內射」和「外射」常被描繪為是否避孕的選擇，但實際上，體外射精無法有效避孕。如果不希望懷孕，應該使用低劑量避孕藥或保險套等可靠的避孕方法來確保避孕效果。

Q

接吻和性行爲只要當下的氣氛對了就可以做了嗎？

A

當你希望進行性接觸時，想要主動的人需要確認對方是否明確同意。在成人內容中，可能沒有出現用語言確認同意的場景，但這通常是為了演出效果，實際上你應該知道，確認同意是非常重要的。

Q

如果像A片那樣激烈的話，會讓對方感到高興嗎？

A

模仿A片中的激烈行為可能會傷害到伴侶的身心。每個人對親密接觸的需求和喜好都不同，因此在進行任何親密行為時，應該隨時進行充分的溝通和確認，以確保彼此的舒適和尊重。

37

社會是由大家的聲音所構成的

當你覺得「這樣不對！」時，應該勇敢地發聲

在社會中生活，我們會遇到各種不合理的情況。

Point

- 為什麼學校不提供具體的性教育呢？
- 為什麼不同性別的人會面臨職業上的限制呢？

◆ 為什麼男生的制服是褲子，而女生的制服是裙子呢？
◆ 為什麼會因為沒有戀人或性經驗而被嘲笑呢？
◆ 為什麼不能與同性伴侶結婚呢？*
◆ 為什麼作為女性就必須在事業和生育之間做出選擇呢？

每個諸如此類的問題都涉及到性別歧視、性多樣性、生存方式多樣性等許多**社會問題**。

為了解決我們在生活中遇到的這些不公平現象，傳達我們的感受非常重要。

表達「痛苦」「厭惡」「需要幫助」「希望停止」等感受，是**改變社會的重要一步**。

制定社會規則的是**政治**。

* 編註：同性婚姻在日本尚未法制化、但已有地方法院和高等法院判決政府不承認同婚是違憲（東京、札晃、名古屋等）的。

在學校裡教什麼，如何保護勞動者，誰可以成為家庭的一部分，這些都由政治決定。

雖然政治聽起來可能很複雜，感覺與自己距離遙遠。

但政治實際上與我們的生活息息相關。政治可以保護我們，也有可能傷害我們。

政治的制定源於每個人的聲音。

如果希望改善生活，就需要勇敢發聲。即使有人認為發聲不過是徒勞，但實際上有很多例子顯示，正是因為勇敢的發聲，社會才得以改變。

例如，你知道 **#KuToo 運動**嗎？

這是針對許多工作場所只對女性強制穿著高跟鞋或跟鞋的問題所提出的行動，這些鞋子可能會對足部造成傷害。如果這些鞋子並非必需，

政治對我們的生活有深遠的影響，從學生時代開始關注是很重要的。從公民課程入手是一個不錯的開始，了解政策如何影響社會可以幫助我們做出更明智的選擇。希望你能在這方面找到興趣和啟發！

但仍然強迫女性穿著，則會被視為性別歧視。此活動向厚生勞動省提出了訴訟。

該署名活動吸引了超過三萬人參加，結果在二〇二〇年三月，厚生勞動省發出的關於防止工作場所霸凌的手冊中明確寫道：「僅僅強加給某一性別勞動者的非合理規則，通常是違背了《男女雇用機會均等法》的精神，此做法是不理想的。」

即使有很多曾經「因為是規則」而不得不接受的事情，但透過

集結社會上的聲音，仍然有可能會改變。

因此，**對不合理的事情要勇敢發聲，並在十八歲後積極參與投票選舉。**

思考一下，哪些政治家能夠使我們的生活變得更好。與朋友、家人以及其他人交換意見，選擇能夠代表我們、為日本制定更好規則的政治人物。

能夠建立我們的社會的是我們自己的勇敢發聲。

Movie

【年輕人必看】如果想要好好接受性教育，對政治產生興趣是非常重要的！

38

用自己的意志選擇人生

「性知識」能夠幫助你做出更明智的決策

在自己的生活中，計畫何時從事何種工作、是否希望結婚、是否希望懷孕生育以及何時進行這些事情，這些過程被稱為「人生規劃」。

制定人生規劃有助於考慮目前應該做出什麼選擇，並在未來提前安排居住、財務等環境。例如，如果一位二十歲的女性「想要在二十二歲

開始工作，並在二十七歲左右生育」那麼在二十歲時期，如果她希望與交往的伴侶建立性關係，就可以**選擇採取更可靠的避孕措施**。

人生規劃可以根據當時的情況進行調整。例如，你可能會在意想不到的時候想要留學。或者在考慮結婚的時候，經濟上尚未達到要求。甚至在想要懷孕的時候，可能無法成功。當發生與預期不同的情況時，**根據當前的狀況重新調整人生規劃**是很重要的。

可以參考以下檢視清單，整理出你目前想像中的人生規劃和所需的選擇。

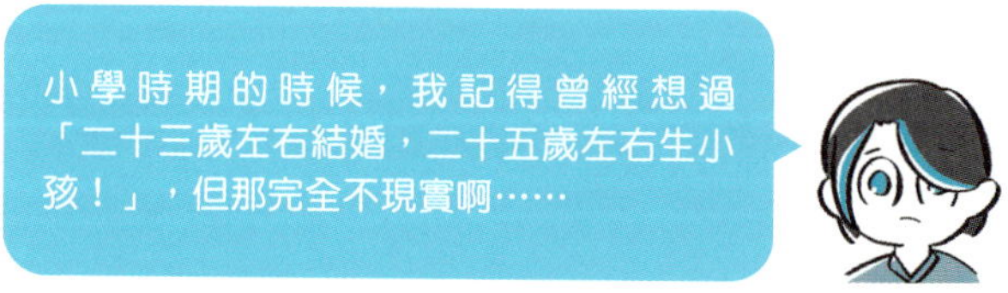
小學時期的時候，我記得曾經想過「二十三歲左右結婚，二十五歲左右生小孩！」，但那完全不現實啊……

人生規劃檢視清單

・將來想要從事什麼工作？

・想工作到幾歲？

・將來想要結婚嗎？

想和另一半一起生活嗎？

・什麼時候會說 YES ？

・將來想要小孩嗎？

・什麼時候會說 YES ？想生幾個小孩？

・為了實現自己的願望，現在應該得著手哪些事情？

（找尋自己有興趣的工作／與伴侶討論避孕的方法／開始備孕等等）

給本書的所有成年讀者們

「讓孩子們了解性教育」這樣的想法，對於許多人來說可能會覺得心理上有很高的障礙。然而，仍然非常感謝您拿起這本書。

在日本，性教育的不足讓孩子們面臨「沒有被充分告知但遇到問題則需自負其責」的矛盾困境。在沒有被告知什麼是性行為的情況下，卻因避孕失敗而被責怪為「自作自受」。在這樣的社會中，受害的總是孩子們。

現在是時候讓身為成年人的我們重新建立新的價值觀。我們有責任創造一個讓孩子們能安心生活、自由選擇人生的社會。

首先，我們需要學習。然後，誠實地關心孩子們的感受。在強加自己的價值觀之前，我們應該發揮想像力，聽取眼前的人的心聲。攜手共進，為未來留下光明的前景。我相信我們一定能做到。

結語

感謝您讀到了後記部分。

本書以「更輕鬆、開放地談論性話題」為主題，若本書能提供一些讓您的生活變得更加便利的建議，那是再高興不過的了。

性話題常常被視為禁忌或令人羞恥的話題，但我相信，讀到這裡的您已經明白這並非如此。性教育的目的是幫助您做出以下重要的決定。

能夠採取維持自身健康的行動。
能夠根據自己的意願制定人生規劃。
能夠選擇適合自己生活的避孕方法。
理解戀愛與不戀愛的自由。
學習尊重伴侶權利的交往方式。
理解多樣化的性取向是理所當然的事情。
能夠表達不喜歡的事物。
感受到自己的身體和心靈完全屬於自己。

這些決定對每個人的生活都有深遠影響，而性教育正是支持這些決定的關鍵。我並不認為這是羞恥的話題。

大約在四年前，我開始從事性教育活動，當時性仍然是非常禁忌的話題。即使在Twitter上僅僅發布有關性的資訊，也會收到大量的性騷擾回覆或私訊。那時「性話題」和「黃色笑話」並沒有明顯的區別。
然而，現在這種風潮已經開始逐漸改變。

生理期和性行為相關的話題逐漸出現在報章雜誌上，甚至在電視節目中也有細談、報導。專門販售性相關產品的專櫃已可見於百貨公司，性教育相關的書籍在過去一年內也如雨後春筍般出現。
如今，時代終究在逐漸轉變。這一變化的推動力，無疑是社會中每一個「希望學習更多」的聲音。許多人希望獲得保護自己和所愛之人的必要知識，這些需求促使了許多大人採取行動。

儘管日本目前的義務教育中尚未提供充分的性教育，但卻對經歷意外懷孕的年輕人施以「自負其責」的批判。
不教而誅，不少人會因此感覺到這個社會的冷漠。
我們經常聽到大人們批評「最近的年輕人很冷漠」或「沒有夢

想」，但在這樣的社會中，擁有希望和夢想真的非常不容易。年輕人沒有夢想，可能不是他們的錯，而是大人們創造了無法讓年輕人擁有夢想的社會環境。

我有一個目標，那就是「創造一個讓年輕人能夠安心並擁有希望的社會」。

我希望能夠促進一個讓年輕人能夠安心生活，期待成為大人並對未來充滿希望的社會。這是我目前的夢想。

我會繼續致力於推廣正確的性教育知識和學習的樂趣。希望您和所愛的人能在這個社會中安心生活。

感謝您讀到這裡！

期待在YouTube的影片中再見了！Bye bye！

特別感謝

磯邊菜菜、渡邊梓、Kennwata（けんわた）、石川優實
尤妮佳股份有限公司（ユニ・チャーム株式会社）、TANK股份有限公司（株式会社TANK）、杰克斯股份有限公司（ジェクス株式会社）、Next Innovation股份有限公司（ネクストイノベーション株式会社）

參考資料

▼ 文獻

- 《國際性教育指導方針【修訂版】》教科文組織（UNESCO）
- 《媽媽和爸爸都應了解的簡單易懂小弟弟知識》岩室紳也監修
- 《病理圖解 Vol.9 婦科與乳腺外科》第 3 版
- 《病理圖解 Vol.10 產科》第 2 版
- 日本產科婦人科學會《產婦科術語集與解說集》第 3 版
- 《青春期男孩生理 Q&A 及其重點》白井將文著
- 《彩色圖解 人體正常結構與功能 VI 生殖器》年森清隆、川內博人著
- 《最新產科學 正常篇》荒木勤
- 《最新產科學 異常篇》荒木勤
- 《生育調節指導用教材》一般社團法人日本家族計劃協會
- 《精神健康社會工作者養成講座》第 2 卷
- 《［增補改訂版］精神健康學 改訂第 3 版》
- 《對性少數的心理支持——理解同性戀與性別認同障礙》針間克己、平田俊明

▼網站

- 日本產科婦人科學會「正確認識子宮頸癌與HPV疫苗」
  http://www.jsog.or.jp/modules/jsogpolicy/index.php?content_id=4
- 厚生勞動省小冊子「致接受子宮頸癌預防疫苗者」
  https://www.mhlw.go.jp/bunya/kenkou/kekkaku-kansenshou28/pdf/leaflet_h25_6_01.pdf
- 2017年厚生勞動省患者調查
  https://www.mhlw.go.jp/toukei/saikin/hw/kanja/17/index.html
- 警察廳「平成29年度自殺情況」
  https://www.npa.go.jp/publications/statistics/safetylife/jisatsu.html
- 男女共同參畫局網站
  http://www.gender.go.jp/policy/no_violence/date_dv/index.html
- 平成30年度精神健康對策費補助金——飲食障礙治療支援中心設置運營報告書
  https://www.ncnp.go.jp/nimh/shinshin/edcenter/pdf/business_report_h31.pdf
- 厚生勞動省小冊子「職場霸凌防治措施已成為雇主的義務！」
  https://www.mhlw.go.jp/content/11900000/000611025.pdf?fbclid=IwAR2Z5I23NnOuD6mcPUFlbez6GYrCXGJAf2TxdWwwvMI5mDnTQD8Uh3tPRjM

▼如果想了解更多性相關的資訊請至：

【性教育YouTuber】
SHIORINU YouTube頻道
https://www.youtube.com/annel/C4bwpeycg4Nr2wcrV9yC8LQ

seicil｜回到性方面問題的網站
https://seicil.com/

NPO法人PILCON（ピルコン）
https://pilcon.org/

▼關於青春期煩惱的大小事

青春期FP熱線

03-3235-2638／週一至週五 10：00～16：00（列假日與國定假日休息）
https://www.jfpa.or.jp/puberty/telephone/

▼關於懷孕生產與人工流產的諮詢

懷孕SOS東京

03-4285-9870／全年無休16：00～24：00（接待時間至23：00）
可EMAIL聯繫諮詢　https://nsost.jp/

全國懷孕SOS諮詢窗口一覽表
https://zenninnet-sos.org/contact-list

▼ 關於性暴力與約會暴力的諮詢

性暴力被害諮詢 直撥「#8891」

日本全國各皆可撥打，都會連接到最近的一站式支援中心。

性犯罪與性暴力受害者的一站式支援中心一覽表

http://www.gender.go.jp/policy/no_violence/seibouryoku/consult.htm

約會暴力110

0120-51-4477／每週二18：00～21：00、週六1400～18：00（新年期間除外）

https://ddv110.org/

▼ 性病諮詢

HIV檢查諮詢地圖

日本全國HIV／AID檢查與諮詢窗口資訊網站

https://www.hivkensa.com/

▼ 關於性取向的諮詢

愛麗絲彩虹電話諮詢

03-3464-3401　每個月第二和第四個週六 13：00～16：00

https://www.city.shibuya.tokyo.jp/shisetsu/bunka/oowada/iris_soudan.html

LGBT熱線

011-728-2216　週四16～20時（新年期間除外）

http://www.city.sapporo.jp/shimin/danjo/lgbt/lgbtsodan.html

▼網路問題相關諮詢

法務省網路人權諮詢

http://www.moj.go.jp/JINKEN/jinken113.html

一般社團法人安全網路協會

色情報復（Revenge Porn）的受害諮詢

https://www.safe-line.jp/against-rvp/

▼關於霸凌和生活困難的諮詢

兒童專線

0120-99-7777／每日16：00～21：00

https://childline.or.jp/index.html

文部科學省24小時兒童SOS電話

0120-0-78310／全年無休

https://www.mext.go.jp/a_menu/shotou/seitoshidou/1306988.htm

兒童人權110

0120-007-110／週一～週五8：30～17：15

http://www.moj.go.jp/JINKEN/jinken112.html

補充

台灣「性」資源諮詢列表

青少年好漾館

青少年因為荷爾蒙分泌，生、心理開始產生微妙的變化，
為此，我們提供青少年性健康相關資料，
共同關心青少年成長路上的蛻變。

https://health99.hpa.gov.tw/theme/256

未成年懷孕求助網站

未成年懷孕不孤單，不要害怕，請勇敢求助！

電話聯繫：0800-25-7085

https://257085.sfaa.gov.tw/

▼性同意必須要自由、自主、不受威脅和意識清醒下才成立，遭受到性暴力／性創傷／數位性別暴力請一定要求助

財團法人婦女權益促進發展基金會（民間／政府資源整合資源）

https://www.tfgbv.tw/support

113保護專線　請直播113

https://113.mohw.gov.tw/113/WebChattingCtrl?func=getChattingBoardByClient（線上諮詢）

勵馨基金會／蒲公英諮商輔導中心

https://www.goh.org.tw/services/prevention/

▼性病諮詢

為i篩檢／篩檢地圖

有過性行為就去篩！快速、免費、不用具名！

https://www.lovemyself.org.tw/map

▼關於性向／性別認同等諮詢，也有父母諮詢專線

社團法人台灣同志諮詢熱線協會

北部　02-2392-1969／週一至週五 14-22:00／臺北市羅斯福路二段70號12樓

南部　07-281-1265／週一至週五 14-22:00／高雄市新興區中山二路472號12樓之7

https://hotline.org.tw/

同志父母諮詢專線

02-23921970、07-2811823

▼數位性暴力防治資源管道

法律手牽手

24小時緊急陪偵專線　0965-819-464

立即預約專線　0800-580-979／平日 09:00-22:00、假日 09:00-21:00

https://www.lawinhand.com.tw/columns/non-consensual-pornography-01

性影像處理中心

全年齡求助管道，不管是不是當事人，都有兩大申訴管道。

熱線諮詢與服務　02-6605-7373 ／9:00-22:00（全年無休）

https://tw-ncii.win.org.tw/?fbclid=IwAR29r4m0uLiCAISNYK5MxgYjkhEdZkSy3vU1WNsmySY0Y1v6XTCbAwqsR6o

台灣展翅協會_web885！網路幫幫我

02-2562-1233 ／台北市中山區民權東路二段26號4樓之5

https://www.web885.org.tw/

▼霸凌和更多與青少年相關的諮詢

1953反霸凌專線（24小時專人接聽）

https://bully.moe.edu.tw/city

兒福聯盟

02-2799-0333 ／台北市內湖區瑞光路583巷21號7樓

https://www.children.org.tw/

全台社區心理諮詢服務

https://dep.mohw.gov.tw/DOMHAOH/cp-4558-69568-107.html

國家圖書館出版品預行編目（CIP）資料

「轉大人」一定要知道的性知識／大貫詩織著；劉又菘譯.
-- 初版. -- 臺中市：晨星出版有限公司，2025.02
面；　公分. --（健康sex系列；05）

譯自：Choice : 自分で選びとるための「性」の知識

ISBN 978-626-420-032-5（平裝）

1.CST: 性知識 2.CST: 兩性關係

429.1　　　　113019341

健康sex系列 05

「轉大人」一定要知道的性知識

Choice : 自分で選びとるための「性」の知識

填回函，送Ecoupon

作者　大貫詩織
審訂　諶淑婷 老師
譯者　劉又菘
主編　莊雅琦
編輯　張雅棋
網路編輯　林宛靜
美術排版　黃偵瑜
封面設計　崠好

創辦人　陳銘民
發行所　晨星出版有限公司
407台中市西屯區工業30路1號1樓
TEL:（04）23595820　FAX:（04）23550581
E-mail:service@morningstar.com.tw
https://www.morningstar.com.tw
行政院新聞局局版台業字第2500號
法律顧問　陳思成律師
初版　西元2025年02月15日　初版1刷

讀者服務專線　TEL:（02）23672044 /（04）23595819#212
讀者傳真專線　FAX:（02）23635741 /（04）23595493
讀者專用信箱　service@morningstar.com.tw
網路書店　https://www.morningstar.com.tw
郵政劃撥　15060393（知己圖書股份有限公司）

印刷　上好印刷股份有限公司

定價390元

ISBN 978-626-420-032-5